新型职业农民培育工程通用教材

山鸡养殖技术指南

◎ 陆雪林　袁红艳　主编

中国农业科学技术出版社

图书在版编目（CIP）数据

山鸡养殖技术指南／陆雪林，袁红艳主编．—北京：中国农业科学技术出版社，2016.5

ISBN 978－7－5116－2601－1

Ⅰ.①山…　Ⅱ.①陆…②袁…　Ⅲ.①野鸡－饲养管理－指南　Ⅳ.①S839－62

中国版本图书馆 CIP 数据核字（2016）第 097450 号

责任编辑　徐　毅　陈　新
责任校对　李向荣

出 版 者　中国农业科学技术出版社
北京市中关村南大街 12 号　邮编：100081
电　　话　(010)82106643(编辑室)　(010)82109702(发行部)
(010)82109709(读者服务部)
传　　真　(010)82106631
网　　址　http://www.castp.cn
经 销 者　各地新华书店
印 刷 者　北京昌联印刷有限公司
开　　本　850mm×1168mm　1/32
印　　张　6.5
字　　数　170 千字
版　　次　2016 年 5 月第 1 版　2016 年 5 月第 1 次印刷
定　　价　24.00 元

新型职业农民培育工程通用教材

《山鸡养殖技术指南》

编　委　会

主　　编　陆雪林　袁红艳

编　　者　卫龙兴　王晓旭　许　栋

齐新永　李何君　吴昊旻

沈富林　张春华　赵乐乐

前　言

山鸡，又名雉鸡，在野生状态下可分为30个亚种，其中分布于我国的就有19个亚种，约占世界山鸡亚种的2/3。山鸡是世界上最重要的猎禽和经济鸟类之一，我国是世界上最早利用山鸡资源的国家，但规模化饲养山鸡始于西方发达国家。1881年，美国驻中国领事 Owen Nickerson Denny 第一次将30只中华环颈雉成功引入美国，从此以后，中华环颈雉在美国大规模繁育生产，并利用从我国引进的中华环颈雉成功培育了美国七彩山鸡。

虽然山鸡养殖在我国具有悠久的历史，但大规模的人工饲养则始于20世纪80年代初期。特别是在20世纪80年代中期，从美国引进美国七彩山鸡这一品种后，由于该品种具有生产性能好、驯化程度高、野性小的优点，很快在国内得到了广泛推广。几十年来，国内山鸡人工饲养的数量不断增加，但饲养规模相对较小，而且主要采用传统的生产模式，养殖企业的设施、设备和饲养水平差异较大，饲养技术不规范，许多养殖场科学养殖技术缺乏应用，从而使山鸡生产性能不稳定，没有充分发挥山鸡的生产潜力。上海作为国内山鸡生产的重要种源基地，生产技术较先进，且与美国等西方发达国家的山鸡养殖行业交流频繁，吸取了国外先进养殖技术并引进了新的山鸡品种。为推广和普及山鸡养殖新技术，我们编写了此书。

本书总结了编者近年来从事山鸡养殖的实践经验，介绍了国内外山鸡养殖的新技术。本书对山鸡品种、生物学特性、营养与饲养、遗传与育种、孵化技术及疾病防治等内容做了较为系统的介绍。本书注重生产实践，实用性强，可供国内山鸡养殖场的技术人员和管理人员及养殖户参考。

本书在编写过程中得到了上海市动物疫病预防控制中心、上海市奉贤区动物疫病预防控制中心、上海红艳山鸡孵化专业合作社及上海市科技兴农重点攻关项目办公室的大力支持，同时也引用了有关作者和单位的部分文献和图片资料，在此一并表示衷心的感谢。

由于编者专业知识水平有限，书中难免会出现疏漏或不妥之处，敬请批评指正。

编者

2016 年 3 月

目　　录

第一章　山鸡品种

近年来，国内山鸡养殖业发展迅速，养殖企业和科研院所先后引进或培育了多个山鸡品种，下面对几个主要的品种从外貌特征和生产性能两方面进行简要介绍。

一、美国七彩山鸡

（一）外貌特征

公鸡头顶呈青铜褐色，眼眶上无眉纹或有很窄的眉纹，眼周和脸颊的裸区鲜红、较大，耳羽簇蓝绿色，颈部墨绿色有紫铜色金属闪光，颈基有不连续的白色颈环，在颈的前面断开，颈环宽度较窄，胸部红褐色，有光泽，上背红褐色，下背及腰草黄色，腰侧蓑羽为棕黄色发状羽毛，肩及翅上羽毛栗黄色，翼羽棕黄色，尾羽黄灰色，尾羽 18 根，中央尾羽长 45cm 左右，两肋部红黄色，腹部及大腿黑色，虹膜红栗色，嘴灰白色，跗蹠呈褐的角灰色，公鸡脚有短距。

母鸡头顶及后颈米黄色，颈部浅栗色，有光泽，胸部浅栗色，略带紫色光泽，上体沙黄色，有黑色斑点，肩及翅膀羽毛浅栗色，尾羽褐色有黄斑，中央尾羽 25cm 左右，颏与喉部乳白色，腹部黄白色，虹膜淡红褐色，嘴呈灰白色，跗蹠呈褐的角灰色。

刚出生的雏鸡，公母外貌特征无区分，全身覆盖绒羽，呈棕黄色，从头至尾有一条 0.5～1.0cm 宽的黑色或棕色背线，肋、腰的两侧各有一条黑色或棕色侧线，宽0.5cm。头顶呈黑色或棕色，两侧有棕黄色条纹。嘴黑褐色，眼周和脸颊的裸区白色，脚粉白色。

（二）生产性能

开产日龄225～240天，56周龄产蛋量100～120个，38周龄蛋重29.5～31.0g。18周龄体重：公山鸡1 350～1 450g，母山鸡950～1 000g。38周龄体重：公山鸡1 500～1 600g，母山鸡1 200～1 250g。

40周龄美国七彩山鸡的蛋品质和蛋壳色泽分别见表1－1、表1－2。

表1－1　40周龄美国七彩山鸡蛋品质

蛋重（g）	蛋形指数	蛋壳厚度（mm）	蛋壳强度（kg/cm^2）	蛋黄重（g）	蛋黄比例（%）	蛋黄色泽	浓蛋白高度（mm）	哈氏单位	血（肉）斑（%）
30.95	1.23	0.30	3.65	10.19	33.00	7.31	6.11	87.63	3.08

表1－2　40周龄美国七彩山鸡蛋壳色泽

蛋壳色泽		占百分比（%）
1	橄榄色	50.77
2	青色	10.77
3	深褐色	16.92
4	浅褐色	12.31
5	褐色	9.23

18周龄美国七彩山鸡屠宰性状、肉质性状、皮色和体尺分别见表1－3至表1－6。

表 1－3　18 周龄美国七彩山鸡屠宰性状

性别	半净膛重（g）	全净膛重（g）	两侧胸肌重（g）	两侧腿肌重（g）	半净膛率（%）	全净膛率（%）	胸肌率（%）	腿肌率（%）
公	1 118.55	993.43	266.60	219.33	85.93	76.32	26.83	22.08
母	803.92	712.84	169.23	165.05	88.49	78.47	23.78	23.14

表 1－4　18 周龄美国七彩山鸡肉质性状

性别	肉色 L*	肉色 a*	肉色 b*	失水率（%）	平均嫩度（kg. f）	pH 值
公	58.38	10.30	9.54	49.38	1.90	5.28
母	65.47	9.08	11.23	51.02	3.14	5.33

表 1－5　18 周龄美国七彩山鸡皮色

性别	胸部 L*	胸部 a*	胸部 b*	背部 L*	背部 a*	背部 b*	腿部 L*	腿部 a*	腿部 b*
公	73.09	10.35	17.35	71.12	10.62	12.98	67.41	2.33	－1.38
母	75.37	10.35	18.55	72.25	9.64	16.78	67.81	3.59	1.50

表 1－6　18 周龄美国七彩山鸡体尺

性别	体斜长（cm）	龙骨长（cm）	胫围（cm）	胫长（cm）	骨盆宽（cm）	胸宽（cm）	胸深（cm）
公	16.60	12.27	2.77	7.60	5.90	7.26	10.55
母	14.47	9.80	2.27	6.80	5.12	6.71	8.90

二、黑化山鸡

（一）外貌特征

公鸡头顶黑色，眼周及颊部红色，眼眶上无眉纹，颈部黑色，有绿、紫、蓝色闪光，胸部墨绿色，有紫色光泽，无颈环，肩及翅膀上羽毛深褐带蓝色，翼羽深褐色，上背褐带蓝色，下背及腰蓝灰色，尾羽蓝灰色，有横斑，腰侧蓑羽深褐色，两肋墨绿色，腹部及大腿黑色。

母鸡上体深栗色，带黑色斑纹，下体深栗色，无斑纹，颈部和胸部有紫色光泽。虹膜、嘴、跗蹠的颜色同美国七彩山鸡，公鸡脚有短距。

刚出生的雏鸡，全身覆盖咖啡色绒毛。白眉明显，嘴黑色。下颌白色，颈部有白色圆环，白环在后颈中断。下腹白色，翅尖绒毛白色，脚咖啡色。

（二）生产性能

开产日龄225~245天，56周龄产蛋量90~100个，38周龄蛋重29.0~30.5g。18周龄体重：公山鸡1 350~1 450g，母山鸡950~1 000g。38周龄体重：公山鸡1 550~1 650g，母山鸡1 200~1 300g。

40周龄黑化山鸡的蛋品质和蛋壳色泽分别见表1－7、表1－8。

表1－7　40周龄黑化山鸡蛋品质

蛋重（g）	蛋形指数	蛋壳厚度（mm）	蛋壳强度（kg/cm^2）	蛋黄重（g）	蛋黄比例（%）	蛋黄色泽	浓蛋白高度（mm）	哈氏单位	血（肉）斑（%）
29.05	1.23	0.30	3.59	9.47	30.00	7.19	5.82	87.11	4.00

表1－8　40周龄黑化山鸡蛋壳色泽

蛋壳色泽		占百分比（%）
1	橄榄色	62.00

（续表）

蛋壳色泽		占百分比（%）
2	深褐色	8.00
3	浅褐色	18.00
4	褐色	8.00
5	白灰色	2.00
6	青蓝色	2.00

18 周龄黑化山鸡屠宰性状、肉质性状、皮色和体尺分别见表 1 –9 至表 1 –12。

表 1 –9　18 周龄黑化山鸡屠宰性状

性别	半净膛重（g）	全净膛重（g）	两侧胸肌重（g）	两侧腿肌重（g）	半净膛率（%）	全净膛率（%）	胸肌率（%）	腿肌率（%）
公	1 156.45	1 033.98	271.22	236.75	85.32	76.28	26.20	22.89
母	799.32	708.79	170.93	155.84	84.84	75.20	24.12	21.88

表 1 –10　18 周龄黑化山鸡肉质性状

性别	肉色 L*	肉色 a*	肉色 b*	失水率（%）	平均嫩度（kg. f）	pH 值
公	51.64	7.74	6.85	53.85	0.96	5.32
母	52.05	7.17	7.98	50.09	0.73	5.26

表 1 –11　18 周龄黑化山鸡皮色

性别	胸部 L*	胸部 a*	胸部 b*	背部 L*	背部 a*	背部 b*	腿部 L*	腿部 a*	腿部 b*
公	73.48	5.44	6.92	70.87	7.92	9.56	65.72	1.82	–2.49
母	69.77	4.96	7.60	69.27	6.78	11.71	62.63	–0.16	–4.34

表 1－12　18 周龄黑化山鸡体尺

性别	体斜长（cm）	龙骨长（cm）	胫围（cm）	胫长（cm）	骨盆宽（cm）	胸宽（cm）	胸深（cm）
公	19.47	12.40	2.97	7.76	6.04	7.54	10.34
母	17.43	10.60	2.43	6.65	5.10	6.43	8.58

三、中华环颈雉

（一）外貌特征

成年公鸡头顶呈栗色，两侧有白色条纹，有绿色角羽，眼眶上无眉纹或有很窄的眉纹，眼周和脸颊的裸区鲜红、较大，带黑色斑点，下眼睑紫色，颈部呈墨绿色光泽，颈基有连续的白色颈环，胸部红褐色，有光泽，上背呈栗色带黑色斑纹，下背及腰灰蓝色，间带浅绿色斑纹，腰侧蓑羽为棕黄色发状羽毛，肩及翅上羽毛灰白色，翼羽灰黄色，间带白色横纹，尾羽黄灰色，间带黑色横纹，两肋部红黄色，腹部及大腿栗色，虹膜红栗色，嘴灰白色，跗蹠呈褐的角灰色，公鸡脚有短距。

成年母鸡全身呈麻栗色，颈部浅栗色，有浅红色光泽，胸部浅栗色，上体沙黄色，有黑色斑点，肩及翅膀羽毛浅栗色，尾羽褐色有黄斑，颏与喉部乳白色，腹部米黄色，虹膜淡红褐色，嘴呈灰白色，跗蹠呈褐的角灰色。

（二）生产性能

开产日龄 225～240 天，56 周龄产蛋量 105～120 个，38 周龄蛋重 26.0～27.0g。18 周龄体重：公山鸡 1 050～1 100g，母山鸡 750～800g。38 周龄体重：公山鸡 1 150～1 200 g，母山鸡

920～950g。

40 周龄中华环颈雉的蛋品质和蛋壳色泽分别见表 1－13、表 1－14。

表 1－13　40 周龄中华环颈雉蛋品质

蛋重（g）	蛋形指数	蛋壳厚度（mm）	蛋壳强度（kg/cm^2）	蛋黄重（g）	蛋黄比例（%）	蛋黄色泽	浓蛋白高度（mm）	哈氏单位	血（肉）斑（%）
26.54	1.24	0.30	3.39	8.49	31.00	7.00	5.96	89.18	1.89

表 1－14　40 周龄中华环颈雉蛋壳色泽

蛋壳色泽		占百分比（%）
1	橄榄色	73.58
2	深褐色	16.98
3	浅褐色	5.66
4	褐色	3.78

18 周龄中华环颈雉屠宰性状、肉质性状、皮色和体尺分别见表 1－15 至表 1－18。

表 1－15　18 周龄中华环颈雉屠宰性状

性别	半净膛重（g）	全净膛重（g）	两侧胸肌重（g）	两侧腿肌重（g）	半净膛率（%）	全净膛率（%）	胸肌率（%）	腿肌率（%）
公	902.97	801.52	209.07	176.39	83.60	74.19	26.08	21.99
母	618.12	543.51	135.24	118.99	82.12	72.14	24.93	21.91

表 1－16　18 周龄中华环颈雉肉质性状

性别	肉色 L*	肉色 a*	肉色 b*	失水率 (%)	平均嫩度 (kg. f)	pH 值
公	59.68	9.27	9.13	50.36	2.21	5.13
母	58.09	8.00	9.81	48.59	1.92	5.25

表 1－17　18 周龄中华环颈雉皮色

性别	胸部 L*	胸部 a*	胸部 b*	背部 L*	背部 a*	背部 b*	腿部 L*	腿部 a*	腿部 b*
公	72.92	11.60	17.26	70.74	9.70	10.88	65.97	3.27	－0.43
母	73.67	10.68	18.66	70.05	9.77	13.50	64.26	2.07	－1.40

表 1－18　18 周龄中华环颈雉体尺

性别	体斜长 (cm)	龙骨长 (cm)	胫围 (cm)	胫长 (cm)	骨盆宽 (cm)	胸宽 (cm)	胸深 (cm)
公	16.07	11.07	2.67	7.31	5.40	6.84	9.71
母	14.07	8.93	2.11	6.42	4.70	5.88	8.19

四、绿　雉

（一）外貌特征

成年公鸡头部青绿色，并有 2 个角羽，颊部红色，下脸颊带有黑色斑点，下眼睑紫色，眼眶上无眉纹，颈部黑色，有绿、紫、蓝色光泽，胸部墨绿色，有紫色光泽，无颈环，肩及翅膀上羽毛灰色带绿色，翼羽灰褐色，上背灰色带灰色，下背及腰绿灰

色，尾羽绿灰色，有浅灰色横斑，腰侧蓑羽深灰色，两肋墨绿色，腹部及大腿深灰色，虹膜红栗色，嘴灰白色，跗蹠呈褐的角灰色，公鸡脚有短距。

成年母鸡头部羽毛黑色，伴有红褐色，背呈深灰色，上背带绿色光泽，带黑色斑点，腹部灰色，颈部和胸部有绿色光泽。翅膀灰色伴有红褐色，尾羽深灰色，虹膜淡红褐色，嘴呈灰白色，跗蹠呈褐的角灰色。

刚出生的雏鸡，全身覆盖黑色绒毛。眼周黑色绒毛，或部分眼周为白色绒毛，嘴黑色，下颌白色绒毛、颈部有白色圆环，但颈背黑色。翅膀尖的外缘白色，腹部部分有白斑。脚黑色，趾白色。

（二）生产性能

开产日龄 230 ~ 250 天，56 周龄产蛋量 65 ~ 80 个，38 周龄蛋重 26.0 ~ 27.5g。18 周龄体重：公山鸡 1 050 ~ 1 150g，母山鸡 750 ~ 800g。38 周龄体重：公山鸡 1 150 ~ 1 200g，母山鸡 980 ~ 1 050g。

40 周龄绿雉的蛋品质和蛋壳色泽分别见表 1 – 19、表 1 – 20。

表 1 – 19 40 周龄绿雉蛋品质

蛋重（g）	蛋形指数	蛋壳厚度（mm）	蛋壳强度（kg/cm^2）	蛋黄重（g）	蛋黄比例（%）	蛋黄色泽	浓蛋白高度（mm）	哈氏单位	血（肉）斑（%）
26.06	1.24	0.29	3.22	8.76	33.00	6.98	5.31	85.35	6.00

表 1 – 20 40 周龄绿雉蛋壳色泽

蛋壳色泽		占百分比（%）
1	橄榄色	56.00

（续表）

蛋壳色泽		占百分比（%）
2	青色	6.00
3	深褐色	38.00

18 周龄绿雉屠宰性状、肉质性状、皮色和体尺分别见表 1－21至表 1－24。

表 1－21　18 周龄绿雉屠宰性状

性别	半净膛重（g）	全净膛重（g）	两侧胸肌重（g）	两侧腿肌重（g）	半净膛率（%）	全净膛率（%）	胸肌率（%）	腿肌率（%）
公	896.20	788.40	187.15	176.16	85.57	75.26	23.67	22.34
母	648.19	572.79	132.58	131.36	83.92	74.14	23.13	22.91

表 1－22　18 周龄绿雉肉质性状

性别	肉色 L*	肉色 a*	肉色 b*	失水率（%）	平均嫩度（kg. f）	pH 值
公	63.94	10.52	11.64	50.84	1.38	5.39
母	65.25	9.58	12.61	51.50	1.66	5.46

表 1－23　18 周龄绿雉皮色

性别	胸部 L*	胸部 a*	胸部 b*	背部 L*	背部 a*	背部 b*	腿部 L*	腿部 a*	腿部 b*
公	71.13	8.75	8.10	69.02	9.22	8.94	64.95	4.30	－0.75
母	71.19	10.00	12.92	66.21	9.76	13.53	63.98	5.28	3.00

表 1－24　18 周龄绿雉体尺

性别	体斜长（cm）	龙骨长（cm）	胫围（cm）	胫长（cm）	骨盆宽（cm）	胸宽（cm）	胸深（cm）
公	15. 63	11. 57	2. 38	7. 40	5. 35	7. 00	9. 90
母	14. 93	9. 47	1. 95	6. 66	4. 87	6. 06	8. 46

五、白羽山鸡

（一）外貌特征

公鸡头部为纯白色，眼睛蓝灰色，喙为白色，面部皮肤为鲜红色，身体各部分羽毛为纯白色，没有杂色羽毛。母鸡全身羽毛纯白色，头颈部和垂肉没有红色，尾羽短。

（二）生产性能

成年公鸡体重 1 500～1 800g；成年母鸡体重 1 100～1 400g，年产蛋量 70～110 个，平均蛋重 29. 0～32. 0g。

第二章　山鸡的生物学特性

山鸡属于鸟类，与哺乳动物有2个相类似的地方，即拥有4个房室的心脏、属于恒温动物。与哺乳动物有2个明显的差异：山鸡体内受精，产蛋到体外，胚胎发育在母鸡体外；带有羽毛的动物。

一、皮肤和羽毛

（一）皮肤

山鸡的皮肤有两层：外层为表皮，内层为真皮。山鸡有薄的皮肤，表皮由扁平的表皮细胞层组成，具有产生大量角朊的能力，这些物质衍生出爪和鳞，真皮层支持和滋养表皮，由肌肉、神经、血管穿过真皮稳定地供应表皮并帮助调节热量的损失。

山鸡的皮肤缺乏汗腺，尾脂腺位于尾巴基部附近的背部，它的分泌物用于整理羽毛。山鸡腿上有鳞片，大多数成年公山鸡在胫骨上有距，前者起保护作用，后者是第二性征，由公鸡的雄激素影响形成的。山鸡的皮肤通常是白色的，这是由遗传决定的。

（二）羽毛

1. 羽毛的形成

山鸡是恒温动物，它们有羽毛覆盖身体，羽毛非常轻，可用作保温，飞翔时必需的。羽毛的发育开始在表皮发生的一个乳头状小突起，表皮层形成羽毛的鞘；内部的基本层含有未来的羽毛部分，

在乳头状小突起的基部由发芽的环引起的，中央的真皮髓腔含有血管携带营养物质和色素以促进羽毛的生长，当结构成熟时，周围的鞘被脱落，羽毛部分显露和变硬，血液供应关闭。羽毛的基部被埋在囊中，如果第一个羽毛脱去，另一个羽毛从囊中生长。

山鸡的羽毛主要包括以下部分：羽毛管、羽箭、附属的羽衣、羽小支、羽纤支（图2－1）。

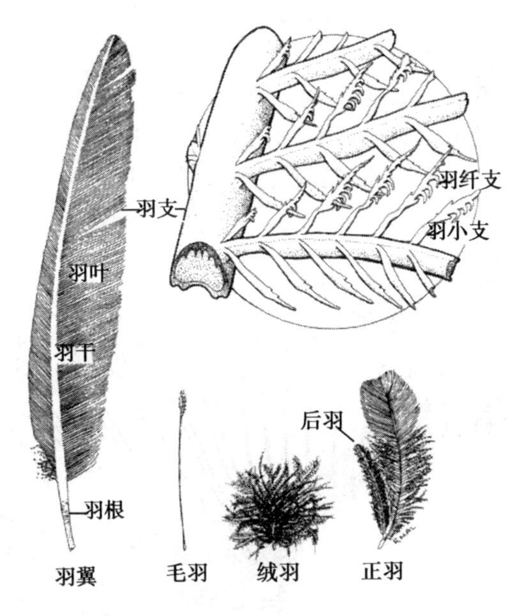

图2－1　羽毛的结构

2. 羽毛的形状和颜色

羽毛的形状和大小受性别影响，母山鸡的羽毛较短而圆，由雌激素的影响产生的。公山鸡产生非常少的雌激素，因而羽毛较长而窄，公山鸡的羽毛是鞍羽、颈羽和镰羽。

羽毛颜色由2个基本因素产生：①色素，主要是黑色素和从日粮中得到的某些类胡萝卜素；②结构影响，羽毛内部结构和光的作用影响颜色。其中，第二个因素在许多种类的公山鸡中是普遍的。例如，黑化山鸡和虹雉，羽毛颜色也是遗传的，由基因控制。

3. 换羽的形式

在出雏时，雏鸡覆盖着绒毛，在4～5周龄更换为幼羽，这是第一次换羽，8周龄更换第二次幼羽，第三次出现在13周龄，第四次在性成熟时，成年山鸡每年换羽一次，不管怎样，在环境控制下换羽可人工诱导。

利用主翼羽的长度和换羽次序可确定山鸡的年龄，并区分一年内山鸡和成年山鸡，所有的山鸡有10根主翼羽，但副翼羽的数量有变异，主翼羽和副翼羽的换羽次序见图2－2。

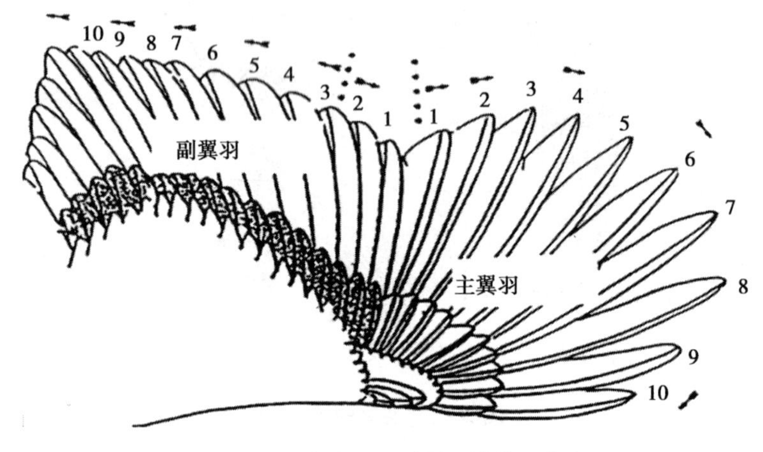

图2－2　主翼羽和副翼羽的换羽次序

主翼羽换羽从主翼羽外面的第一根开始，副翼羽从里面的第三根开始，接着由里面更多的副翼羽按次序换羽，第一、二根副翼羽常与最后几根副翼羽同时换羽。

根据出生后和育成后山鸡的换羽情况通常能确定年龄，还有

一些根据温度和食物供应，认为全年性种鸡换羽由孕激素引起的，但季节性如山鸡不是这样的，Kobayashi（1958）认为孕激素和甲状腺素之间的协同作用控制换羽。

二、骨骼系统

骨骼为肌肉提供支架并藏有内部组织，图 2 – 3 为山鸡骨骼

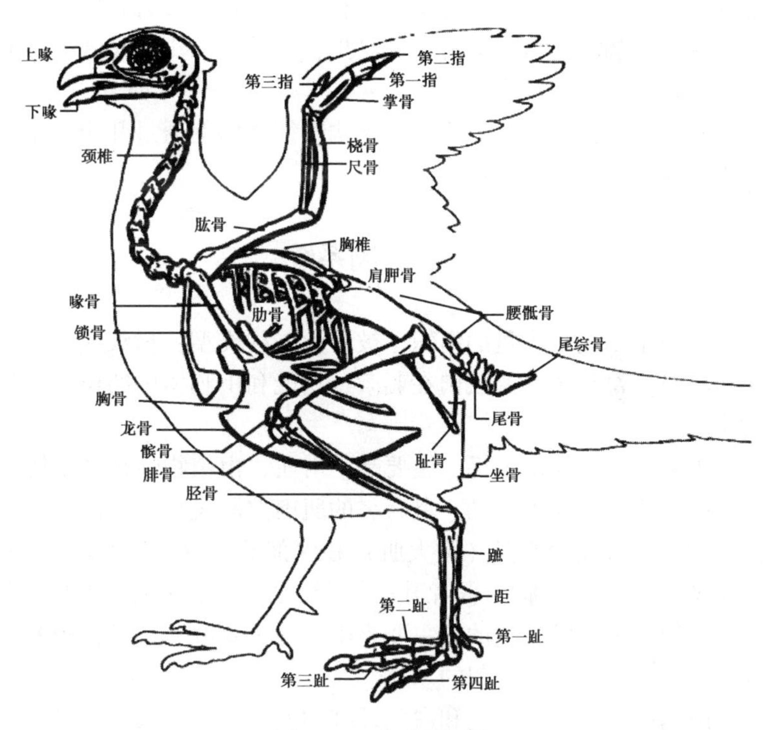

图 2 –3　山鸡的骨骼

结构，骨较轻并以中空为特色，母山鸡产蛋期间，这些骨髓腔充满着骨髓（根据蛋壳中钙的需要）可以被提取。母山鸡产蛋的

蛋壳中从骨髓获取大约40%的钙，剩余部分来自日粮。

山鸡的骨骼结构具有一致性特征，在山鸡翅膀上的中空骨和肱骨有气囊。

骨骼的熔化，特别是尾椎骨的骶骨区一起熔化。最后的脊椎骨熔化形成尾综骨，连同肉组织一起支持尾羽。

耻骨区未封闭，耻骨分离主要用于硬壳蛋的通过，龙骨、胸骨使胸肌容易依附，肉用家禽种类厚实的胸肌依附于胸骨。头颈有许多脊椎骨使山鸡有效地搜寻食物。头较轻，没有强的颔或牙齿，颔形成的喙适宜采集种子和昆虫，肌胃中的小石头或不少砂砾磨碎食物。

它们的骨骼具有适合飞翔的结构特征。即使通过几个世纪的驯化还保持着这种适应性。

三、肌肉系统

肌肉是山鸡最丰富的组织，被分为3种类型：横纹肌、平滑肌和心肌。每种类型的肌肉在刺激、功能和山鸡体内的位置差异明显。

皮下肌肉可支配羽毛，主要是平滑肌，由植物性神经系统控制，横纹肌协助羽毛运动。最著名的肌肉控制飞翔的肌肉，固定在龙骨并由表面的肌群（胸大肌）和深部的肌群（胸小肌），前者在飞翔中降低翅膀，后者升高翅膀，虽然大多数家禽不能飞翔，它们的胸肌是发达的，主要是由于为了获取大量可食用的蛋白组织开展遗传选择引起的。

山鸡的胸肌都是红色和白色纤维的混合物。家鸡主要是白色的纤维，山鸡主要是红色的纤维。白色纤维以丰富的糖原为特征，实际上没有脂肪，该组织供应快速的能量但没有持久力，红色纤维具有丰富的血液供应和相对多的脂肪贮存，该组织可供应

持续的工作能量。

两种肌肉，腓肠肌和腓骨长肌有效地抓住栖架，它们由 3 个前趾和 1 个后趾的屈肌坚强地支撑。

出雏肌（肌层复合体）是一种有趣的肌肉，它位于鸡颈，能使小鸡啄蛋壳而出，并可能为雏鸡贮存水。出雏肌在出雏时最发达，但其后大部分肌肉萎缩，只有部分肌肉在雏鸡出生后的生活中发挥着举头等功能。

四、心血管系统

结构上，山鸡的心脏与哺乳动物的心脏相似。山鸡和哺乳动物都有 4 个房室的血管泵，而它们的祖先爬行动物拥有 3 个房室的心脏，山鸡的心脏相对它们的身体总重其大小处于中等。

山鸡的血管系统是动脉、静脉和毛细血管相互联系的复合体，它担当消化系统的营养物质，呼吸系统的氧气和二氧化碳，排泄系统的废液，内分泌系统的激素运输。血液也在体温调节和组织的水调节中起重要作用。

右边的主动脉弓是心脏到背主动脉的主要血管，山鸡有颈静脉之间的交叉静脉，以便山鸡扭转脖子时血液流到头部不受阻塞。无名动脉非常厚和肌肉化，供应身体的胸部和臂部。如果不适当操作，造成惊吓而死亡主要是因为血管破裂。臂部的静脉紧紧位于翅膀的内表面，这个解剖特征，兽医常用于白痢病检查等的血样采集。

血液是血浆、细胞和各种溶解化学物质组成的液体，红细胞（RBC），不像哺乳动物红细胞具有核的作用，呈卵圆形，核仁的功能不清楚。白细胞是病原生物的拮抗物，与在其他动物发现的类型相似，但在鸡的免疫系统中淋巴细胞与黏液囊组织和胸腺互相作用，负责山鸡血液凝集的细胞叫血小板，山鸡的脾是红细胞和白细胞生成的组织，也是红细胞的贮存器官。

山鸡的红细胞数量已测定，每毫升血液含有 480 万个。一般成年公鸡比成年母鸡有更多的红细胞，有些研究者把这个较多的细胞归因于雄激素的影响。

五、呼吸系统

山鸡的呼吸系统见图 2－4。内鼻孔与支气管系统连接。肺

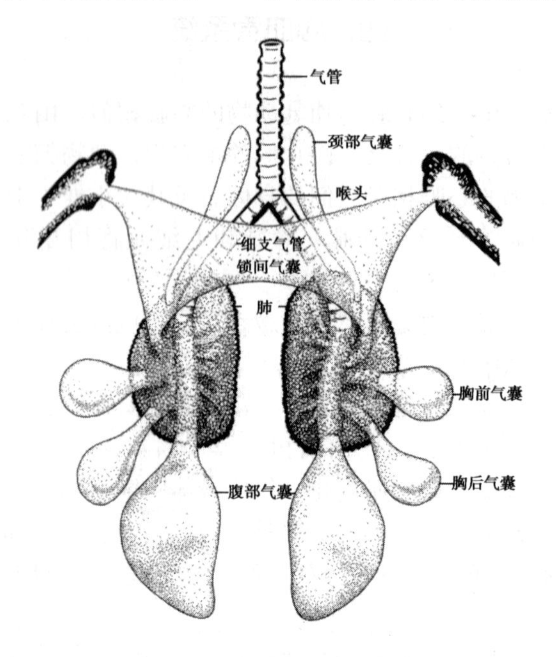

图 2－4　山鸡的呼吸系统

被嵌入胸壁内，具有支气管的复合体：中支气管、前支气管、背支气管和侧支气管，这些持续的管子主要包含有效的呼吸，它们形成一个空气毛细血管，血液毛细血管单元，其功能是利用气囊

制造的空气流动，山鸡具有 9 个气囊：4 对（颈部、前胸、后胸、腹部）和 1 个（锁骨间），气囊是薄垫结构，其透明的、脆弱的和缺乏血管的原因很难论证。肺的空气进出活动是连续的，与哺乳动物相比具有一个消长系统，山鸡的有效呼吸发生在呼气期间。

山鸡的声音由一个叫鸣管的结构发出。鸣管位于器官和支气管的连接处，在胸腔内部非常深的位置。

山鸡是恒温动物，在波动的环境下，它们维持非常稳定的体温。在高温时，呼吸系统有助于散热（鸟没有汗腺）。在 27℃（80.6 ℉），热乎气可以驱散热量，呼吸系统也开始气喘。

成年山鸡的平均体温为 42.5℃（108.5 ℉）。

恒温的发育发生在山鸡的早期生命中，体温上升相应在环境温度以上。通过专门的热调节机制发生调节，位于大脑基部的下丘脑。刚出壳的雏山鸡覆盖着绒毛，出雏后 20 天内，调节深部体温的机制是开始有效的呼吸。

六、排泄系统

肾脏是主要的排泄器官，它们有一对三叶状结构嵌入在腹部后背侧，肾脏的功能单位是肾单位，山鸡的肾单位复杂，比哺乳动物的数量较少。肾单位主要是转移水并排除血液中的代谢废水，山鸡没有膀胱，水从肾脏由输尿管带出在泄殖腔处理，泄殖腔是消化道的末端器官，接受尿和消化系统的废物。

尿酸是含氮混合物，是尿的一种代谢废物，山鸡的胚胎发育主要在蛋中，由于蛋中水分非常有限，尿酸作为氮的排泄比较理想，因为尿酸对胚胎是无毒的，很快沉淀为不溶解的物质，对尿酸处理需要水最少。小鸡出壳后，尿酸在蛋壳内表面是可以看得见的，呈现白色斑状物，在成年山鸡的粪便上作为一种白色物质也是容易看得见的。

七、消化系统

山鸡的采食主要由消化系统负责，通过消化道使食物粉碎溶解，随后经过血液将营养物质带到身体的各种细胞中，不同种类的动物消化特征有非常大的差异。山鸡的器官如嗉囊、肌胃和盲肠是必需的消化器官。由于飞翔，山鸡的消化道也较短，要求通过快速的食物消化产生大量能量。另外，山鸡由于消化道短，采食后体内存储的食物重量也相对较少，有利于飞翔。禽类具有非常高的代谢速率和短的消化道，这个特征使禽类生产蛋和肉更加有效和经济。

图 2－5 是山鸡消化系统的基础部分。肝、胰和胆囊，是消化系统非常重要的附属器官。

山鸡的嘴缺乏唇、颊和牙齿，修剪尖的喙有助于撕碎和啄食饲料。舌头有一个尖刺坚硬的保护层，有助于将食物移动到食管下面。唾液腺分泌酶有助于消化碳水化合物。

食管或食道，可以扩张很大，连接嗉囊，这是一个贮存器官，可软化食物，然后在山鸡栖息或休息时进一步消化。

食管通向胃部，胃部由腺胃（即前胃）和肌胃（即砂囊）组成。前胃分泌盐酸和胃蛋白酶混合物，为对食物蛋白进行初步消化。肌胃内有小石子或粗砂，是一种强有力的磨碎工具，在酶对食物发挥作用时，使食物变成细小的颗粒。利用小石头磨碎谷物有利于减少肌胃工作。

当食物达到适当的浓度时，肌胃将食物推进到小肠的第一段为十二指肠，十二指肠呈环状，与 3 个附属器官（胰腺、肝和胆囊）紧密联系工作。十二指肠环状内部区域含有胰腺，产生消化酶到十二指肠的背侧通过 3 个导管，肝脏形成胆汁贮存在胆囊

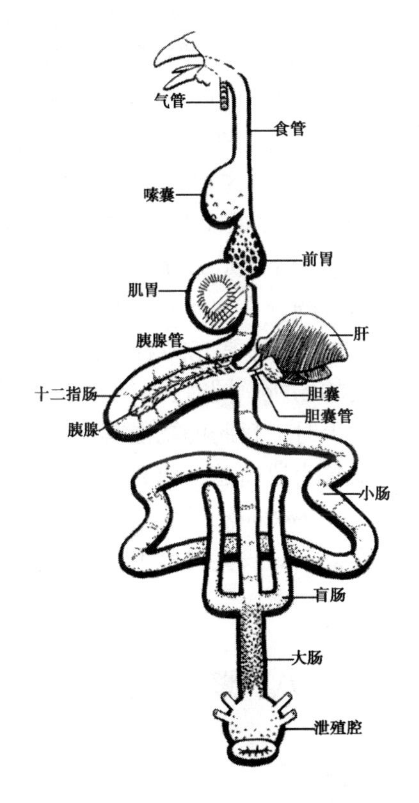

图 2－5　山鸡的消化系统

中，然后通过导管排到背侧十二指肠，胆汁通过时与前胃中的酸和乳化日粮中的脂肪混合，而有助于进一步消化。肝脏履行 2 个其他功能：①贮存碳水化合物作为糖原；②转移蛋白质废物形成尿酸以便通过肾脏消除。小肠通常有三部分：十二指肠、空肠和回肠，山鸡后两部分有区别，有些解剖学家忽略空肠也是小肠的有效部分。

食物最后的消化发生在小肠（回肠），食物已变成小分子如已糖、氨基酸、甘油和脂肪酸，为吸收到血液作准备。卵黄囊连接回肠，孵化到23天时，收回到小鸡体腔，卵黄囊的储备使刚出壳的雏鸡在没有食物时，通过飞机运输到较远的地方没有问题。

山鸡主要吃谷物，而谷物在体内分解起来比较困难。山鸡的小肠非常长（96～102cm），这种特征，可有助于谷物消化。而消化道的下一部分结肠非常短（7.5～10cm）。结肠主要被用于贮存未消化的物质，水的重吸收发生在结肠和小肠及泄殖腔。

两个盲皮袋，叫盲肠，在回肠和结肠的连接处形成，山鸡的盲肠约15cm长，这些结构通常充满着不消化的物质，同时也是各种微生物群落聚集的场所。同时，它们可能消化纤维，但当山鸡的日粮中纤维非常少时，盲肠的功能就不能发挥。

山鸡消化道的末端为泄殖腔，包含了繁殖、排泄。青年山鸡在泄殖腔的背部有一个小袋叫法氏囊，这个囊包含与免疫系统的协同工作而防止疾病，当鸡长大时就退化，鸡法氏囊的长度与年龄有关。

八、繁殖系统

（一）公山鸡繁殖

睾丸位于肾脏的前叶下面，右侧睾丸位于肝脏右叶的顶部对面，左侧睾丸的位置与胃和小肠的腺体部分有关。睾丸呈豆形，淡黄色、睾丸大小的变化与公山鸡的大小和季节一致，睾丸的凹面（门）有一个变平的凸出物称附睾，是由睾丸输出管和附睾管组成的一个器官，主要是运输精子和对精子成熟的作用，附睾管很短，由附睾后端走出，延续为输精管，输精管是一对极为弯曲的细管，与输尿管并行，开始先在输尿管的内侧，于肾的腹侧面，到肾的尾端越过输尿管的腹侧面，并沿它的外侧向尾端行，

直到泄殖腔。

山鸡没有附属结构如尿道球腺或精囊腺，公山鸡的交配器官主要由泄殖腔基底上阴茎组织组成的，主要包括血管体、淋巴和阴茎乳头。

精液由精子和精清（精子运动的媒介）组成，精清含有阴离子、阳离子，一些废产品、淋巴液和谷氨酸，其作为酸碱水平的缓冲剂，大概这些都是睾丸的输精管产生，成熟过程可能与精子的受精能力有关，从输精管不同部分采集精子的受精能力是不一样的，表明当精子离开睾丸时，具有较高程度的受精能力。

山鸡精子的解剖学组成见图 2 –6，包含：①顶体，一种高尔基体处理的衍生物，受精期间使精子穿透卵子成为可能；②头

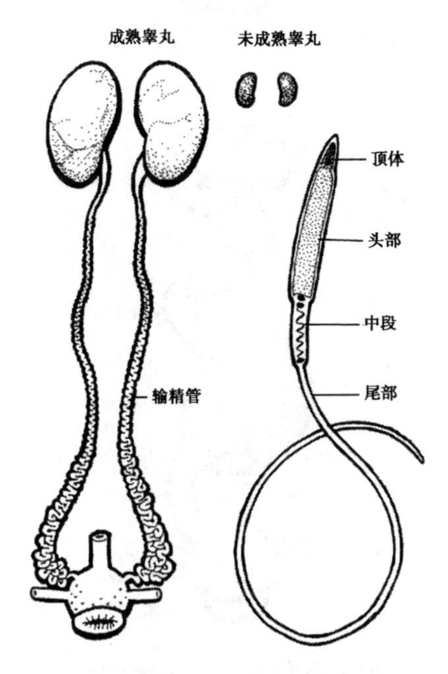

图 2 –6　公山鸡的繁殖系统

部，主要由核物质（DNA）和精氨酸组成，含有 DNA 浓稠团块由双膜包围；③中段，含有线粒体，精子细胞的能量来源；④尾部，它的纤丝由线粒体激活推进精子通过液体环境。

（二）母山鸡繁殖

蛋的形成是山鸡繁殖器官的基本功能，繁殖器官见图 2－7。

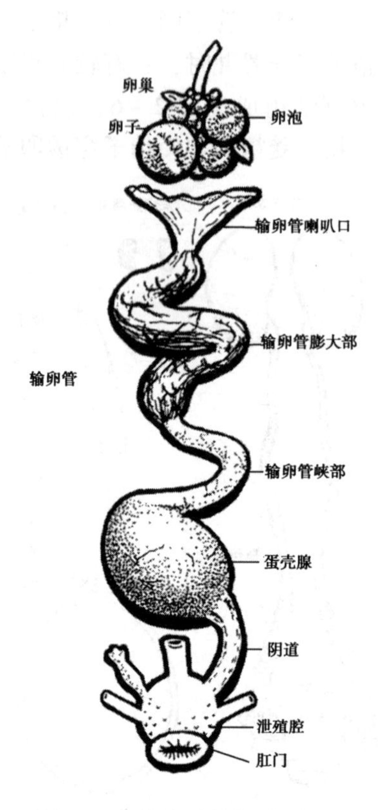

图 2－7　母山鸡的繁殖系统

输卵管有几个专门的区域，以形成蛋的各部分。最靠近卵巢的称为漏斗部，它的最初用途是当卵巢排出卵子时，吸入卵子，启动卵子经过输卵管，下一部分称作膨大部，分泌蛋白，卵子从膨大部进入峡部，形成蛋壳膜，在峡部的末端有蛋壳腺（也称子宫），在卵膜外形成保护的蛋壳，输卵管的最后部分为阴道，作用不仅是蛋的通道，也是母鸡产蛋的出口。

蛋形成的时间，卵子移动通过漏斗部、膨大部和峡部大约需要16%的时间，在蛋壳腺形成蛋壳需要84%时间，蛋离开蛋壳腺通过阴道到体外只要几分钟。

山鸡只有左边的输卵管，在自然情况下，一般，山鸡有一个短的连续性产蛋，然后孵蛋，不管怎样，山鸡能几天内每天产一个蛋，然后停产1天或2天，再开始另一个连续性的产蛋。

精子在山鸡的输卵管贮存有2个场所，这种贮存能力可成为母鸡产连续性的受精蛋，第一个场所，在输卵管靠近子宫阴道区域，为主要的精液贮存区；第二个场所，在漏斗部，也贮存精子，但更重要的功能为输卵管的卵子受精提供场所。母鸡也有特殊的适应性，使精子在输卵管连续排卵几天的卵子仍然存活受精的功能。

繁殖系统的最终产品是鸡蛋（图2－8），这个生物有许多用途，虽然人类主要把它用作食品。母鸡把它认作后代，如果是雌配子（胚盘），卵子就变成胚胎，位于蛋黄的表面，由雄配子受精变成的，产生的受精卵在产蛋时间内经历20 000个细胞的分裂。随后，在最适合的温湿度下，山鸡胚胎连续发育23～24天，胚胎孵化期间利用卵黄作为养分和能量，蛋白提供水、维生素和蛋白质，蛋壳作为骨骼的矿物质来源，蛋含有将无机化学物质转换为雏鸡所有必需物质，鸡啄壳而出雏。

卵生在鸟类是普遍的，在母鸡体内胚胎短暂的逗留，在排卵时，发育到原肠胚状态，胚胎发育的大部分发生在外部环境，由母鸡的体外温度或孵化机调节，孵化期不同种类的鸟类有差异。

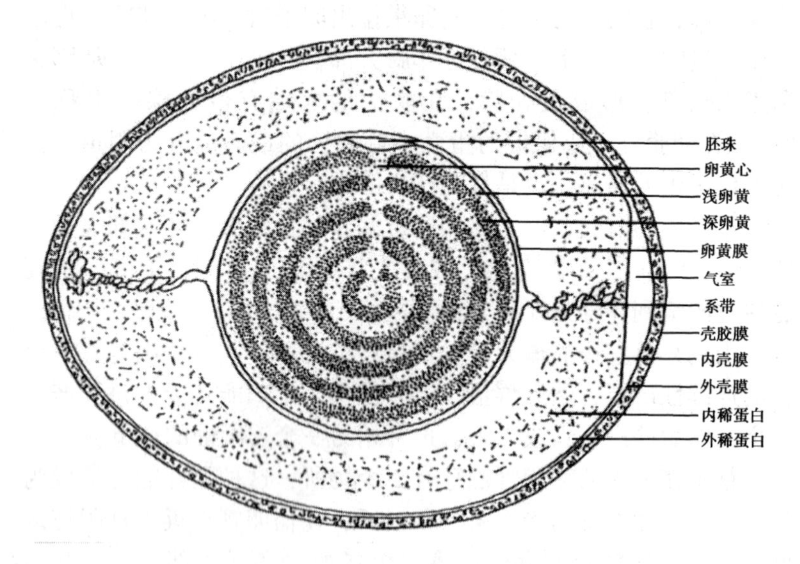

图 2－8　蛋的生物特征

第三章　山鸡的营养

一、基础营养物质

山鸡必须为了生存而采食，以下是山鸡典型的营养物质。

1. 水

2. 由必需、半必需和非必需氨基酸组成的蛋白质

（1）必需氨基酸：精氨酸、组氨酸、异亮氨酸、亮氨酸、赖氨酸、蛋氨酸、苯丙氨酸、苏氨酸、缬氨酸、甘氨酸。

（2）半必需氨基酸：胱氨酸和酪氨酸。

（3）非必需氨基酸：丙氨酸、天门冬氨酸、谷氨酸、脯氨酸和丝氨酸。

3. 碳水化合物：如葡萄糖、淀粉和糖原

4. 类脂物：特别是必需亚油酸

5. 维生素

（1）脂溶性维生素：维生素 A、维生素 D、维生素 E 和维生素 K。

（2）水溶性维生素：维生素 B_1、核黄素（维生素 B_2）、泛酸、烟酸、维生素 B_6、生物素、叶酸、维生素 B_{12}、胆碱和维生素 C。

6. 无机常量元素和微量元素

无机常量元素：钙、磷、钠、钾、镁、硫和氯。微量元素：锰、铁、铜、锌、碘、钼、铬、硒和氟。

7. 粗纤维

纤维素、半纤维素和木质素等。

8. 能量

饲料中能量含量表达为代谢能（ME），代谢能的单位为千卡（kcal）或千焦（kJ），1 kcal 等于4.184kJ。

二、维生素和微量元素缺乏症和防治措施

山鸡缺乏维生素和微量元素，除生长不良、幼雏死亡率高、产蛋和孵化水平差外，没有表现出特别的症状，具体如下。

（一）维生素

1. 水溶性维生素

（1）硫胺素（维生素 B_1）：食欲减退，一般虚弱，抽搐，多神经炎，青年和成年鸡的死亡。

来源：谷物、谷物副产物（如麸皮）、干啤酒酵母和合成硫胺素。

（2）核黄素（维生素 B_2）：腹泻、延迟生长、孵化率下降、结节状绒毛胚胎、产蛋水平下降、脚趾麻痹向内卷曲、臂和坐骨神经肥大。

来源：牛奶产品、苜蓿粉、肉粉、酒糟、米末、酵母、鱼粉和合成核黄素。

（3）烟酸（维生素 B_3）：舌炎、口腔炎、食管上部炎症、压迫采食、延迟生长、羽毛生长差，青年鸡脚和皮肤鳞片状皮炎。

来源：麸皮、肝脏粉、花生粉、米末、酵母、向日葵粉和合成烟酸。

（4）吡哆醇（维生素 B_6）：生长不良，非正常兴奋性、痉挛性运动，多种神经炎，产蛋减少，孵化率低，死亡率增加。

来源：苜蓿粉、麸质料、鱼粉、花生粉、芝麻粉、大豆粉、向日葵粉、酵母、合成氢氧化吡哆醇。

(5) 泛酸（维生素 B_5）：延迟生长，羽毛生长不良，颗粒状眼睑粘连，嘴的开口和角周围硬壳的鳞片脱落，脚皮炎。

来源：酵母、牛奶产品、米末、鱼溶解物、花生粉、合成泛酸。

(6) 生物素：严重的皮炎，脚趾坏死，颚损伤肿胀，眼睑粘连，在胚胎发育中出现细肢、软骨发育不良和鹦鹉嘴喙等。

来源：酵母、肝、大豆粉、苜蓿、红花粉、向日葵粉和合成生物素。

(7) 钴胺素（维生素 B_{12}）：生长不良。

来源：血粉、鱼粉和某些发酵产品。

(8) 叶酸：生长不良、羽毛生长不良、贫血症、产蛋率和孵化率差，在胚胎中出现胫跗骨弯曲、下颚缺陷、并趾和大出血。

来源：苜蓿粉、啤酒糟粕、肉粉、大豆粉、酵母和合成叶酸。

(9) 胆碱：生长不良和畸形腿。

来源：肝、鱼粉、大豆粉、苜蓿、棉籽饼、酒糟、菜籽粕、大豆粉、酵母和合成胆碱。

2. 脂溶性维生素

(1) 维生素 A：生长不良、消瘦、步态蹒跚、羽毛蓬乱、眼睑角质化，眼睛干酪样渗出液，鼻腔中黏性排泄物，孵化率差。

来源：苜蓿叶粉、玉米、玉米麸质粉、肝粉和合成维生素 A。

(2) 维生素 D_3：佝偻症和延迟生长。

来源：阳光暴露可提供稳定的维生素 D_3。

(3) 维生素 E：营养性脑软化症，腿伸展性衰竭，头扭曲，营养性肌病。

来源：谷物胚芽、菜油和合成维生素 E。

（4）维生素 K：脑出血和死亡。

来源：苜蓿粉和合成维生素 K。

（二）微量元素

1. 锰

骨短粗病或肌腱滑脱、短腿骨、颅骨变形、胚胎出现鹦鹉喙。

2. 锌

皮炎、羽毛非正常生长、肌腱滑脱、骨骼非正常发育。

三、营养物质需要量

（一）山鸡

山鸡的营养物质需要量由美国国家科学院国家研究协会汇编（NRC-NAS 1994），资料不多，对于山鸡的营养需要量，也可参照火鸡的营养物质需要量（表 3－1）。

表 3－1　火鸡的营养物质需要量

营养成分	0～4周龄	4～8周龄	8～11周龄	过渡期	种鸡
代谢能（kcal/kg）	2 800	2 900	3 000	2 900	2 900
粗蛋白（%）	28	26	22	12	14
精氨酸（%）	1.6	(1.5)	(1.25)	(0.6)	(0.6)
甘氨酸＋丝氨酸（%）	1.0	(0.9)	(0.8)	(0.4)	(0.5)
组氨酸（%）	0.58	(0.54)	(0.46)	(0.25)	(0.3)

（续表）

营养成分	0～4 周龄	4～8 周龄	8～11 周龄	过渡期	种鸡
异亮氨酸（%）	1.1	(1.0)	(0.85)	(0.45)	(0.5)
亮氨酸（%）	1.9	(1.75)	(1.5)	(0.5)	(0.5)
赖氨酸（%）	1.6	1.5	1.3	(0.5)	(0.6)
蛋氨酸（%）	0.53	0.45	0.38	(0.2)	(0.2)
蛋氨酸+胱氨酸（%）	1.05	0.9	0.75	0.4	0.4
苯丙氨酸+酪氨酸（%）	1.8	(1.65)	(1.45)	(0.8)	(1.0)
苏氨酸（%）	1.0	(0.93)	(0.79)	(0.4)	(0.45)
色氨酸（%）	0.26	(0.24)	(0.2)	(0.1)	(0.13)
缬氨酸（%）	1.2	(1.1)	(0.94)	(0.5)	(0.58)
亚油酸（%）	1.0	1.0	0.8	1.0	1.0
钙（%）	1.2	1.0	0.85	0.5	2.25
有效磷（%）	0.6	0.5	0.42	0.25	0.35
钾（%）	0.7	0.6	0.5	0.4	0.6
钠（%）	0.17	0.15	0.12	0.12	0.15
氯（%）	0.15	(0.14)	(0.14)	(0.12)	(0.12)
锰（%）	60	(60)	(60)	(60)	(60)
锌（%）	75	(65)	(50)	(65)	(65)
硒（%）	(0.2)	(0.2)	(0.2)	(0.2)	(0.2)
维生素A（IU）	4 000	4 000	4 000	4 000	1 500
维生素D（ICU）	900	900	900	900	900
维生素E（IU）	(12)	(12)	(10)	(10)	25
维生素K（mg）	(1.0)	(1.0)	(0.8)	(0.8)	(1.0)
核黄素（mg）	3.6	3.6	3.0	(2.5)	(4.0)
泛酸（mg）	11	11	(9)	(9)	(16.0)

（续表）

营养成分	0～4周龄	4～8周龄	8～11周龄	过渡期	种鸡
烟酸（mg）	70	70	(50)	(40)	(30)
胆碱（mg）	1 900	(1 600)	(1 300)	(800)	(1 000)
生物素（mg）	0.2	0.2	(0.15)	(0.10)	(0.15)
叶酸（mg）	1.0	1.0	(0.8)	(0.7)	(1.0)
硫胺素（mg）	2.0	2.0	(2.0)	(2.0)	(2.0)
吡哆醇（mg）	4.5	4.5	(3.5)	(3.0)	(4.0)
维生素 B_{12}（mg）	0.003	0.003	(0.003)	(0.003)	(0.003)

括号内值为估计值；摘自 NRC-NAS（1984）

如果日粮的能量变化，需要量不得不重新计算，表 3－2 是 NRC-NAS（1994）推荐的需要量。表 3－3 和表 3－4 是由上海红艳山鸡孵化专业合作社提供的肉用和蛋用山鸡营养需要推荐量。

表 3－2　NRC-NAS（1994）山鸡饲养标准（90%干物质）

营养成分	1～4周龄	5～8周龄	8～17周龄	成年种雉
代谢能（MJ/kg）	11.72	11.30	11.72	11.72
粗蛋白（%）	28	24	18	15
甘氨酸＋丝氨酸（%）	1.8	1.55	1.0	0.5
亚油酸（%）	1.0	1.0	1.0	1.0
赖氨酸（%）	1.5	1.4	0.80	0.68
蛋氨酸（%）	0.5	0.47	0.30	0.30
蛋氨酸＋胱氨酸（%）	1.0	0.93	0.60	0.60
钙（%）	1.0	0.85	0.53	2.5
氯（%）	0.11	0.11	0.11	0.11
非植酸磷（%）	0.55	0.50	0.45	0.40

（续表）

营养成分	1～4 周龄	5～8 周龄	8～17 周龄	成年种雉
钠（%）	0.15	0.15	0.15	0.15
锰（mg/kg）	70	70	60	60
锌（mg/kg）	60	60	60	60
胆碱（mg/kg）	1 430	1 300	1 000	1 000
烟酸（mg/kg）	70	70	40	30
泛酸（mg/kg）	10	10	10	16
核黄素（mg/kg）	3.4	3.4	3.0	4.0

表3－3　肉用山鸡营养需要推荐量

营养指标	饲养阶段		
	♀0～4周龄	♀5～8周龄	♀8周龄以上
	♂0～3周龄	♂4～5周龄	♂5周龄以上
代谢能（kcal/kg）	2 900	3 000	3 100
粗蛋白（%）	25.0	21.0	18.0
钙质（%）	1.00	0.90	0.80
总磷（%）	0.68	0.65	0.60
有效磷（%）	0.45	0.40	0.35
食盐（%）	0.32	0.32	0.32
蛋氨酸（%）	0.55	0.44	0.38
赖氨酸（%）	1.25	1.08	0.96
蛋氨酸＋胱氨酸（%）	1.01	0.80	0.73
色氨酸（%）	0.21	0.20	0.18
精氨酸（%）	1.42	1.22	1.13
亮氨酸（%）	1.37	1.20	1.05

（续表）

营养指标	饲养阶段		
	♀0～4周龄	♀5～8周龄	♀8周龄以上
	♂0～3周龄	♂4～5周龄	♂5周龄以上
异亮氨酸（%）	0.90	0.81	0.70
苯丙氨酸（%）	0.82	0.72	0.63
苯丙氨酸＋酪氨酸（%）	1.52	1.35	1.13
苏氨酸（%）	0.90	0.82	0.77
缬氨酸（%）	1.02	0.91	0.79
组氨酸（%）	0.39	0.35	0.30
甘氨酸＋丝氨酸（%）	1.42	1.26	1.09
维生素A（IU/kg）	5 000	5 000	5 000
维生素D_3（IU/kg）	1 000	1 000	1 000
维生素E（mg/kg）	10.0	10.0	10.0
维生素K_3（mg/kg）	0.5	0.5	0.5
维生素B_1（mg/kg）	1.8	1.8	1.8
维生素B_2（mg/kg）	3.6	3.6	3.0
泛酸（mg/kg）	10.0	10.0	10.0
烟酸（mg/kg）	35.0	30.0	25.0
维生素B_6（mg/kg）	3.5	3.5	3.0
生物素（mg/kg）	0.15	0.15	0.15
胆碱（mg/kg）	1 000	750	500
叶酸（mg/kg）	0.55	0.55	0.55
维生素B_{12}（mg/kg）	0.01	0.01	0.01
铜（mg/kg）	8.0	8.0	8.0
铁（mg/kg）	80.0	80.0	80.0
锌（mg/kg）	60.0	60.0	60.0

（续表）

营养指标	饲养阶段		
	♀0～4周龄	♀5～8周龄	♀8周龄以上
	♂0～3周龄	♂4～5周龄	♂5周龄以上
锰（mg/kg）	80.0	80.0	80.0
碘（mg/kg）	0.35	0.35	0.35
硒（mg/kg）	0.15	0.15	0.15

表3－4　笼养蛋用山鸡营养需要推荐量

营养指标	饲养阶段			
	0～6周龄	7～18周龄	19周龄至开产	产蛋期
代谢能（kcal/kg）	2 900	2 800	2 750	2 750
粗蛋白（%）	25.0	16.0	16.5	18.0
钙质（%）	0.90	0.90	1.80	3.50
总磷（%）	0.65	0.61	0.63	0.70
有效磷（%）	0.40	0.36	0.38	0.45
食盐（%）	0.35	0.35	0.35	0.35
蛋氨酸（%）	0.74	0.35	0.58	0.57
赖氨酸（%）	1.76	0.91	0.77	1.14
蛋氨酸＋胱氨酸（%）	1.35	0.74	0.76	1.14
色氨酸（%）	0.35	0.19	0.19	0.24
精氨酸（%）	1.93	1.06	0.99	1.35
亮氨酸（%）	1.84	0.90	0.91	1.22
异亮氨酸（%）	1.17	0.67	0.61	0.85
苯丙氨酸（%）	1.00	0.58	0.55	0.73
苯丙氨酸＋酪氨酸（%）	1.68	0.98	0.90	1.20

（续表）

营养指标	饲养阶段			
	0～6周龄	7～18周龄	19周龄至开产	产蛋期
苏氨酸（%）	1.13	0.63	0.60	0.80
缬氨酸（%）	1.17	0.63	0.63	1.00
组氨酸（%）	0.55	0.29	0.27	0.37
甘氨酸+丝氨酸（%）	1.50	0.84	0.82	1.11
维生素A（IU/kg）	7 200	5 400	7 200	10 800
维生素D（IU/kg）	1 440	1 080	1 620	2 160
维生素E（mg/kg）	18.0	9.0	9.0	27.0
维生素K_3（mg/kg）	1.4	1.4	1.4	1.4
维生素B_1（mg/kg）	1.6	1.4	1.4	1.8
维生素B_2（mg/kg）	7.0	5.0	5.0	8.0
泛酸（mg/kg）	11.0	9.0	9.0	11.0
烟酸（mg/kg）	27.0	18.0	18.0	32.0
维生素B_6（mg/kg）	2.7	2.7	2.7	4.1
生物素（mg/kg）	0.14	0.09	0.09	0.18
胆碱（mg/kg）	1 170	810	450	450
叶酸（mg/kg）	0.90	0.45	0.45	1.08
维生素B_{12}（mg/kg）	0.009	0.005	0.007	0.010
铜（mg/kg）	5.40	5.40	7.00	7.00
铁（mg/kg）	54.00	54.00	72.00	72.00
锌（mg/kg）	54.00	54.00	72.00	72.00
锰（mg/kg）	72.00	72.00	90.00	90.00
碘（mg/kg）	0.60	0.60	0.90	0.90
硒（mg/kg）	0.27	0.27	0.27	0.27

(二) 种鸡

相对于普通山鸡，种鸡的营养需要量验证试验较少，不过，下列情况可严重地影响种鸡生产性能。

(1) 一定程度的限饲。

(2) 蛋白质及必需氨基酸缺乏。

(3) 无机元素钙、磷、钠、锰和锌的缺乏。

(4) 维生素A、维生素D或亚油酸的缺乏。

(5) 碘、氟、硒、有毒脂质和杀虫剂的超标。

有些胚胎的不正常发育也是由母鸡日粮中缺乏某种营养物质引起的，表3-5概括了这些情况，并提供了日粮中所缺乏的营养物质。

表3-5　与胚胎发育不正常相关的营养物质

不正常	日粮中缺乏的营养物质
软骨发育不全（不适当的心内膜骨构造）	生物素、锰
软骨营养障碍（非正常发育的软骨）	核黄素和生物素
死胚	泛酸、维生素B_{12}和亚油酸
浮肿	生物素、维生素B_{12}、维生素E、锰、某些雌激素和硒
出血	维生素E、维生素K、泛酸、维生素B_{12}
短肢（不正常的小肢）和喙畸形	叶酸、核黄素、烟酸和锰

四、山鸡日粮的类型

山鸡生产者需要4种日粮类型。

(1) 育雏期日粮。

(2) 育成期日粮。

(3) 过渡期日粮（繁殖开始前）。

(4) 产蛋期日粮。

表3－6概括了以上4种日粮类型的建议营养水平。

表3－6　山鸡日粮的建议营养水平[①]

营养指标	育雏期	育成期	过渡期	产蛋期
代谢能（kcal/kg）	2 900	2 900	2 900	2 900
总蛋白（%）	28	25	14	17
赖氨酸（%）	1.6	1.4	0.6	0.75
蛋氨酸（%）	0.53	0.45	0.3	0.4
蛋氨酸＋胱氨酸（%）	1.05	0.9	0.45	0.6
钙（%）	1.2	1.0	0.6	2.25
有效磷（%）	0.6	0.5	0.4	0.45
盐（%）	0.5	0.5	0.5	0.5
锰（%）	0.006	0.006	0.006	0.006
锌（%）	0.007	0.007	0.007	0.007
镁（%）	0.005	0.005	0.005	0.005
钾（%）	0.6	0.6	0.6	0.6
硒（mg/kg日粮）	0.2	0.2	0.2	0.2
维生素添加剂/kg日粮				
维生素A[②]（IU）	10 000	10 000	10 000	10 000
维生素D（ICU）	1 500	1 500	1 500	1 500
维生素E（mg）	25	25	25	25
硫胺素[③]（mg）	2	2	1	2
生物素[④]（mg）	0.2	0.1	0.1	0.2
胆碱（mg）	2 000	1 000	1 000	2 000

（续表）

营养指标	育雏期	育成期	过渡期	产蛋期
叶酸（mg）	1.0	0.5	0.5	1.0
烟酸（mg）	50	50	50	50
吡哆醇（mg）	4.5	0.15	0.15	4.5
核黄素（mg）	4	4	2	4
维生素 B_{12}（μg）	3	2	2	3

①此日粮配方也用于松鸡、鹧鸪、鹌鹑和野生火鸡。

②增加维生素 A 水平以补偿任何水平的损失。

③在谷物型基础日粮中，可从添加剂中省略。

④以小麦为主要谷物的日粮特别需要。

五、日粮配方

（一）通常应用配合日粮的成分

通常，日粮由下列成分混合而成（表 3－7）：

（1）谷物类：提供能量，碳水化合物和蛋白质。

（2）植物和动物蛋白：提供氨基酸。

（3）油和脂肪：提供能量和亚油酸。

（4）合成氨基酸（如赖氨酸和蛋氨酸）。

（5）矿物质。

（6）维生素。

（7）添加剂。

表 3-7 山鸡日粮配方

单位:%

饲料种类	幼雏（0~4周龄）	中雏（5~10周龄）	大雏11周龄至性成熟	繁殖准备期	繁殖期
玉米	38.0	45.0	46.0	45.0	41.0
高粱	3.0	5.0	10.0	5.0	0
麦麸	3.0	10.0	15.0	10.0	8.0
豆饼	20.0	18.0	20.0	18.0	17.0
大豆粉	10.0	5.6	4.3	10.3	10.0
酵母	4.0	4.0	0	3.3	7.0
鸡蛋	10.0	0	0	0	0
鱼粉	10.0	8.0	0	3	10.0
骨粉	2.0	4.0	4.3	5	6.6
食盐	0	0.4	0.4	0.4	0.4
合计	100.0	100.0	100.0	100.0	100.0

（二）添加剂

药用添加剂如抗生素和球虫抑制剂被用作添加剂，应符合国家在饲料中应用的相关法律法规，饲料含有此类添加剂在山鸡（肉用）屠宰前应满足休药期。

在贮存期间某些化学品也可添加到饲料中以防止霉变。

（三）饲料替代物

下面的例子表明不同的日粮原料可根据它们的相关蛋白质量如何进行替代。

建议育雏日粮含有25%蛋白，有42.5%玉米和40.4%豆粕，建议用小麦代替玉米。

原混合为42.5%+40.4%=82.9%的日粮供应足够蛋白质，

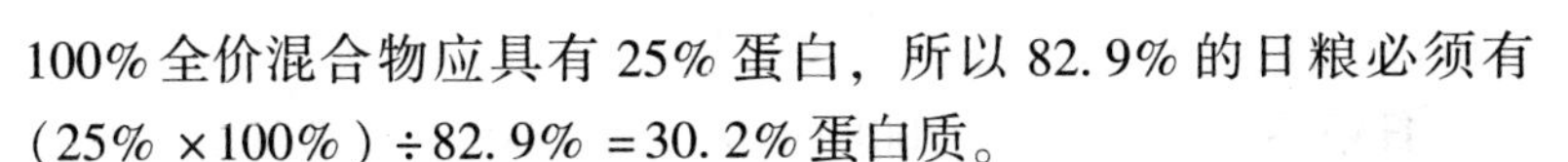

100%全价混合物应具有25%蛋白，所以82.9%的日粮必须有（25%×100%）÷82.9%=30.2%蛋白质。

官方检验方法计算被用作饲料代替物，目标值（30.2%）被放在正方形中间，左侧给出2个混合饲料的百分比。

豆粕含有44%蛋白质，软质小麦含有10.2%蛋白质，2个饲料用作混合的比例由相交减去。

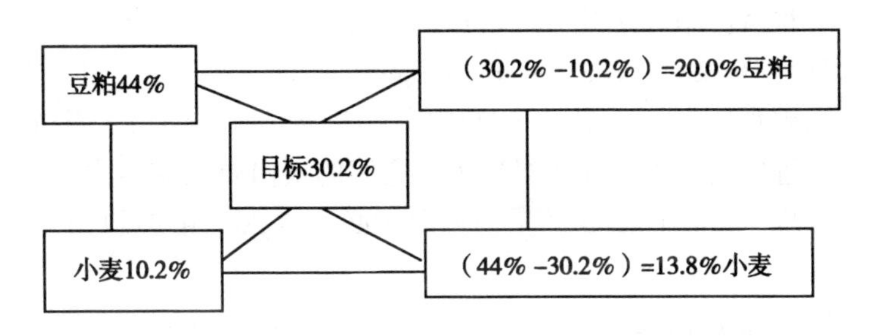

发现每一种谷物原料在最终的混合中（82.9%的日粮具有25%蛋白质含量）的比例如下：

豆粕：（82.9%×20.0%）÷（13.8%+20.0%）=49.1%

小麦：（82.9%×13.8%）÷（13.8%+20.0%）=33.8%

六、日粮能量的重要性

所有日粮必须适当地将与代谢能（ME）含量相关的营养物质保持平衡，因为这些山鸡通常“因能而食”，所以要吃到满足能量需要，如果日粮中的能量含量保持稳定，山鸡在冬季比夏季吃更多的饲料，下面的例子表明日粮的营养物质调整必须考虑代谢能。

日粮A和日粮B都含有20%粗蛋白（CP），日粮A含有2 800kcal/kg，日粮B含有3 000kcal/kg，假如山鸡每天需要

200kcal ME，山鸡将吃下列数量日粮：

日粮 A 消耗：（200kcal/天 ×1 000g）÷2 800kcal = 71.4g/天

日粮 B 消耗：（200kcal/天 ×1 000g）÷3 000kcal = 66.7g/天

每天的蛋白质摄取如下：

日粮 A：20% ×71.4g = 14.3g

日粮 B：20% ×66.7g = 13.3g

山鸡食用日粮 A 比 B 生长更好，因为它多吃了 1g 蛋白质。为了促进山鸡生长，使用日粮 B，它们的蛋白质摄取应为 14.3g。为了实现这个，日粮 B 的蛋白质含量必须从 20% 增加到 21.4%，计算如下：

（14.3g 蛋白质÷66.7g 日粮）×100% = 21.4%

以上说明，山鸡的日粮需要在较冷的气候比较暖的气候有更高的能量水平，所以，如果在冬季饲喂夏季的日粮，山鸡将增加非必需的其他营养物质摄入，如果将补饲脂肪以适当的数量添加到冬季日粮中，可防止其他营养物质的浪费。

在其他方面，建议在夏季可以减少日粮的能量水平，以刺激山鸡食欲，防止其他营养物质摄入减少，另外增加日粮中除了能量外的其他营养物质浓度，以维持适当的摄取水平。

若高温季节，种鸡日粮中代谢能高于 2 800kcal/kg，种鸡通常吃得过多，母鸡因吃得过多可能变得比要求的更重，并生产更大的蛋，而鸡蛋生产量可能会减少。

过量饲喂造成公鸡过重，对受精不好，而公鸡饲养在较低的营养水平中，体重保持较轻则更有活力和受精力。

七、山鸡日粮的蛋白质

尽管动物蛋白一般比植物蛋白具有更为平衡的必需氨基酸，但植物蛋白的组合也可与任何动物蛋白一样实现氨基酸平衡。因此，动物蛋白不是必需的，山鸡可用全植物蛋白（表 3-8）进行饲养。重要的是日粮中的氨基酸平衡，这个平衡可通过动物或植物蛋白的组合或添加氨基酸来实现。

表 3-8　山鸡日粮　　单位：g/kg 日粮

组成成分	育雏期		育成期	过渡期	产蛋期
	配方一	配方二			
玉米	469.92	420.89	429.54	717.46	575.66
豆粕（48%粗蛋白）	320.33	199.62	229.22	99.56	100.23
米糠	7.55	107.06	145.03	0	148.93
小麦糠	0	0	0	130.12	0
玉米麸质粉-62	99.96	100.07	100.14	5.77	50.83
肉粉	0	97.90	0	9.12	0
棉籽粉	49.98	50.04	50.07	0	0
灰石	13.66	7.08	12.21	15.98	43.66
维生素预混料	9.47	9.47	9.48	9.43	9.50
磷酸氢钙	21.69	0	16.65	7.90	15.44
脂肪	0	0	0	0	0.59
盐	2.25	2.25	2.25	2.25	2.25
氧化锌	1.08	1.08	1.08	1.08	1.08
硫酸锌	0.90	0.90	0.90	0.90	0.90
蛋氨酸	0	0	0	0.42	0
赖氨酸	3.21	3.64	3.43	0	0.82
日粮合计（g）	1 000	1 000	1 000	1 000	1 000

第四章　遗传和育种管理

一、遗传基础

细胞是所有生命物质，植物和动物的基本结构，在体内有2种基本细胞类型，构成身体组织的细胞称为体细胞，负责种类延续的细胞称为性细胞。

每个细胞核内有一个结构称为染色体，携带个体生物的遗传物质，染色体有2种类型：常染色体和性染色体，在体内细胞中除一对染色体外，所有染色体是常染色体，不成对的染色体是性染色体。

禽类的性遗传与哺乳动物是有差异的，哺乳动物后代的性是由公的配子决定的，仅一种性染色体（公xy，母xx），禽类母的配子是一个性染色体（公zz，母zw），图4－1为环颈雉的性遗传。

每个染色体内有遗传分子物质称为基因，负责性状的遗传传输，完全相同的基因位于每对染色体上或位于2条一致的染色体上互相精确地对应。

在DNA链上大分子组成中含有基因的遗传物质，含有4个生物碱基，这个碱基的顺序决定蛋白质负责每个个体的表现，下列是与基因相关性质的几个术语的简单描述。

1. 特征或性状

结构形态、大小、颜色、功能，如羽毛颜色、类型、身体形

态和蛋色。

公鸡	×	母鸡
40+40	常染色体	40+40
z+z	性染色体	z+w
	细胞分裂（减数分裂）	

雄配子	雌配子	
40+z	40+z	40+w
	40+z	40+z
40+z	40+z	40+w
	40+z	40+z
	40+z	40+w
	80A+2z	80A+z+w
	公	母
	表型	

所有后裔具有类似编码配对基因（40+z:40+z）是公的，而不是配对基因（40+z:40+w）是母的。A代表常染色体。

图 4－1　环颈雉的性遗传

2. 同型

同型个体是在染色体位点上携带两个类似的基因（等位基因），如玫瑰冠 RR 或单冠 rr。

3. 杂合

杂合个体是具有不同基因的遗传编码，如 Rr，R 是玫瑰冠呈显性，r 是单冠为隐性基因。

4. 显性

显性基因是在所有条件下都可表现出的或可观察的，包括杂合的或同型的。

5. 隐性

隐性基因仅在纯合状态下表现。

6. 基因型

基因型是DNA编码的性状遗传潜力，可能会表现，也有可能不表现出来。

7. 表型

表型是性状实际可观察的。

8. 染色体组

染色体组是在染色体有丝分裂中期制备观察到的，在有丝分裂的中期染色体大多数是紧密的（在有丝分裂阶段，染色体沿着纺锤体的赤道板上组成一排），染色体组有染色体配对的数量，环颈雉具有41对染色体，其中一对（W和Z）组成了性染色体和40对常染色体（图4－1），由于着丝粒位置的不同，染色体的臂大小不一致(图4－2)，有臂大小相等的中端着丝粒染色

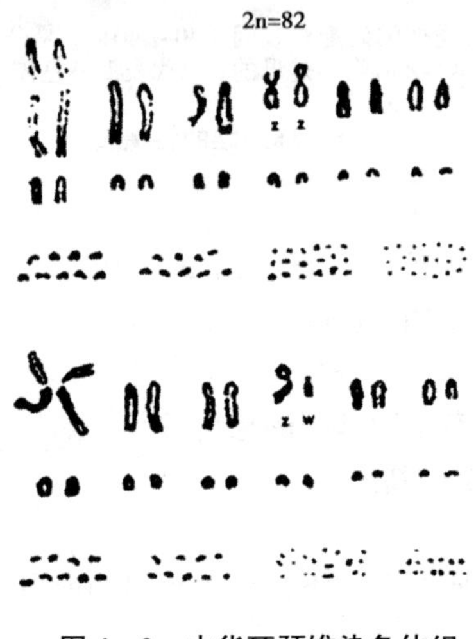

图4－2　中华环颈雉染色体组

体，有一个长臂和一个短臂的近端着粒染色体，有单个臂的末端着丝粒染色体。

9. 杂交育种

具有遗传相关的种类，例如，所有山鸡种类，常常能杂交的，可生产能生育的后裔。当然，真正的种间杂交育种是不能生育的。还发现禽类种间杂交居支配地位的是公禽，山鸡之间已生产杂种，因而，即使差异很大的 2 个种类的染色体组型可结合产生能生育的杂种，羽色基因对杂种影响很大。

二、性状的遗传力

遗传是双亲的基因传递给后裔，遗传力是对性状选择有效性的测量，当性状的遗传力高时，后裔改进迅速，例如，鸡的蛋重和蛋形一般有较高的遗传力分别是 0.55 和 0.6，而生活力和蛋壳强度具有较低遗传力的性状。遗传力数值都少于 100%，这主要是由于环境的影响。性状的遗传力越高，遗传进展越快。

三、性状遗传力的测定

产蛋量的遗传力测定在各世代中有些变化，因为环境的影响和选择性状改进的变化因素，如性成熟、产蛋的持久性和产蛋高峰持续性。

如何确定产蛋量遗传力的例子见表 4 – 1，首先，选择 3 个最高的产蛋母本（母鸡的母亲），其次，确定 3 个母本的平均数和减去所有母本的平均数的这个值称为选择差（SD），这是群体产蛋最高的 15%，如果选择仅是母的，SD 应除以 2，因为母鸡仅占女儿基因的一半。其次，确定选择母本女儿的平均数，这个值是选择反应（SR），确定鸡蛋选择的遗传力，即用改进的选择差

（SD ÷2）除以选择反应。

种鸡利用选择压表明在全部群体的公鸡或母鸡中选择有潜力种鸡的百分比。

表 4 –1　山鸡遗传力的测定

平均 12 周产蛋量		
母本	女儿	计算
46	47	A. 选择差（SD）：3 个最高产蛋量母本的平均数减去所有母本的平均数。 选择母本的平均数： （57 +55 +59） ÷3 =171 ÷3 =57 SD：57 –48. 7 =8. 3（个） 因为 SD 仅选择母鸡，因此，预期的改进为 8. 3 ÷2 =4. 15（个） B. 选择反应（SR）：选择母本的女儿的平均数减去所有女儿的平均数。 选择女儿的平均数： （51 +51 +55） ÷3 =157 ÷3 =52. 3 SR：52. 3 –50. 8 =1. 5（个） C. 产蛋量的遗传力 h^2： SR ÷ （SD ÷2） =1. 5 ÷ （8. 3 ÷2） =0. 361
44	47	
49	46	
49	52	
43	54	
49	47	
48	53	
49	57	
50	53	
57	51	
45	43	
46	56	
43	47	
49	53	
41	43	
55	51	
53	56	
50	54	
59	55	
48. 7（平均）	50. 8（平均）	

四、近　交

近交涉及配种的关系，如全同胞或半同胞兄弟姐妹之间，或父女之间。在禽类中，这样的配种构成近交的最强形式。强的近交对大多数繁殖性状有严重影响，导致家系或品系的丢失。

近交的水平来自配种的共同祖先见表 4－2，达到 50% 近交系数仅在兄弟 × 姐妹或双亲和后裔交配的第三个世代。Woodard 等（1983）发现，利用父女配种制度，在近交的 4 个世代中，山鸡原种近交系只有 4/10 存活。产蛋量、孵化率和生活力性状因为近交而受到很大影响。

表 4－2　配种制度和群体规模对近交的影响

配种制度	世代近交的效率（%）					
	G_1	G_2	G_3	G_4	G_5	G_6
兄弟 × 姐妹	25	38	50	67	89	99
父母 × 后裔	25	38	50	67	89	99
1 公 × 多个半同胞姐妹	13	22	30	45	69	90
每个单间 1 公和 10 母，5 个单间	3	5	7	12	22	40
25 对	1	2	3	5	10	18
25 对，每对留下 2 个后裔	0.51	1.5	2.5	5	9	

近交山鸡比家禽损害更大，因为山鸡开始具有更多野生群体的基因库，还隐藏着缺陷基因，家禽在过去的近交中可能已经消除隐性有害基因。

为避免近交，种鸡应有大量的远亲后代或不同的群体，应避免配种山鸡具有共同的祖父母，下面是为各世代配种确定近交的有用方法。

(1) 配种的公（1/2N）和母（1/2N）的数量相等，应用的公式为 1/4N。

(2) 如果公（Nm）和母（Nf）配种的数量不相等，采用的公式为 1/8Nm + 1/8Nf。

为避免近交最好和最广泛应用的方法是从 2 个不相关的双亲品系生产商品性山鸡产品，当然，近交被减少到 0。

五、山鸡的白羽基因突变

发生在山鸡中的大多数白羽基因突变不是白化病而是缺乏黑色素功能的基因。

研究人员在一系列白羽和正常环颈雉杂交和回交中，发现在纯合状态下，白羽具有隐性基因，等位基因 C（对有色）的显性有时是不完全的，这是因为杂合个体（Cc）偶然会出现白羽，当它们互相之间交配时，培育出隐性白羽山鸡，这个事实在以后的研究中，白羽和具有相同亚种正常羽环颈雉的杂交中得到证实。

隐性白羽山鸡没有抑制基因 I 或有色羽 C 的基因，它的基因型组成是 iicc 隐性纯白羽，2 个隐性之间杂交繁殖都是白羽山鸡。

显性白羽家禽，如某些肉鸡、火鸡、来航鸡是有色鸡，携带正常有色基因 CC，但还存在一种对有色抑制的基因 II，当抑制基因 I 存在于纯合子（II）或杂合子（Ii）时，就抑制有色的表现出来。在当今，应用的显性白羽肉用型公鸡是通过从白羽山鸡中加入抑制基因并通过回交纯化品系而培育的（图 4 – 3）。

图4－3　白羽山鸡

六、山鸡育种考虑的几个重要因素

在开始介绍育种方案前，有几个重要的因素值得考虑。

（1）选择性状或被遗传改进的性状。遗传进展依赖性状的遗传力，当选择的性状数量增加时，选择压应用于每个性状就减少。

（2）选择足够的种鸡以维持最佳的配种比例，并补偿在育种周期期间发生的死亡数。

（3）所有山鸡必须是带翅号的纯种，以便能证明祖先并避免近交，应用翅号可以识别母鸡的产蛋数，以便适当地对其后代穿翅号。

七、选择方法

（一）个体选择

当性状具有中等到高的遗传力时，可采用这种方法，每个世代种鸡留种率最高 20%。这样的性状如体重或产蛋量，通过对个体生产性能选择，这个方法倾向于家系选择，例如，产蛋较好的家系比产蛋较少的家系当然贡献更多的个体母鸡。

（二）家系选择

这种选择方法常被用作低遗传力的性状。受精力、孵化力和生活力属于这种性状，对此，需要家系记录而不是个体记录。

（三）后裔测定选择

公鸡生产性能更准确的估计来自对交配母鸡几个不同后裔的评价。公鸡后裔生产性能对它的育种值具有较高的代表性。

（四）多性状选择

山鸡场可能对一次改进一个以上的性状更感兴趣，例如，产蛋量、产蛋持久性和早期羽毛发育。当选择性状的数量越多时，对性状的选择差越小。选择指数提出了同时评估几个性状的体系，开发一个好的选择指数要求对每一个性状必须设计一个加权因子，这个方法对所有性状产生最大的收获，但对个体的性状仅获得较小的收获。性状的数量越多，每个单个性状的改进越小，当群体某个性状出现衰退时这个指数需要调整。

八、山鸡的选种

选择符合育种目标要求的公母山鸡组成优良的种山鸡群，再经过严格的选择和科学、合理、完善的饲养管理，使种山鸡获得良好的繁殖性能，才能充分表现出其优良的遗传潜能。

目前生产中常用的山鸡选种方法主要有根据体型外貌和生产性能记录成绩选择 2 种。

（一）根据体型外貌特征选择

一般不是专业化山鸡育种场都不进行个体生产性能测定，因此，只能依靠体型外貌特征对山鸡进行基本的选择。这种选择一般根据不同的育种目标，在雏山鸡（3～4 周龄）、后备种山鸡（17～18 周龄至开产前）和成年山鸡（第二个产蛋期开产前）进行 3 次选择。

1. 种用雏山鸡的选择

对种用的雏山鸡群，在育雏至 3～4 周龄时应进行第一次选种，此时可根据雏山鸡的羽色、喙和脚趾颜色等进行区别，选择健壮、体大、叫声响亮、体质紧凑、活泼好动、脚趾发育良好的雏山鸡留种，留种数量应比实际用种数量多出 50%。

2. 后备种山鸡的选择

经过第一次选种后的山鸡群在 17～18 周龄时，应进行第二次选种。此时选种主要是淘汰生长慢、体重轻以及羽色和喙、趾的颜色不符合本品种要求的山鸡个体。留种的数量应比实际用种数量高出 30%。

至山鸡开产前，应进行后备种山鸡的最后一次选种，此时主要是选择个体中等或中等偏上、外貌特征符合育种目标的种鸡留种。留种数量应比实际参配的种鸡高出 3%～5%。

（1）母山鸡的体型外貌特征：应选择身体匀称、发育良好、活泼好动、觅食力强、头宽深、颈细长、喙短而弯曲、胸宽深而丰满、羽毛紧贴有光泽、尾发达且上翘、肛门松弛且清洁湿润、体大、腹部容积大、二趾骨间的距离较宽。

（2）公山鸡的体型外貌特征：应选择体型匀称、发育良好、姿态雄伟、脸色鲜红、耳羽簇发达、胸宽而深、背宽而直、羽毛华丽、两脚间距宽、站立稳健、体大健壮、雄性特征明显、性欲旺盛的公山鸡。

3. 成年山鸡的选择

种山鸡在完成一个产蛋周期后，有时因育种或某些特殊原因，需进入第二个产蛋周期的生产，此时应对原有种山鸡群进行一次选择，选留数量应比实际需要高出10%左右；然后在下一个产蛋周期开产前，再选一次，选留的数量应比实际需要量高出3%～5%，此时公母山鸡体重和外貌特征的选择标准与后备种鸡基本相同，但种母山鸡还应关注换羽和颜色2个要素。

（1）换羽：种母山鸡在完成一个产蛋周期后，必须要更换一次羽毛。种母山鸡更换羽毛的速度与产蛋性能有着非常紧密的关系。研究发现，低产母鸡换羽早，且一次只换一根，而高产母鸡往往换羽晚，且经常是2～3根一起换、同时长。因此，选择时应选留换羽时间晚、速度快的种母山鸡。

（2）颜色：一般情况下，母山鸡在肛门、喙、胫、脚、趾等表皮层含有黄色素，母鸡产蛋时，这些部位的表皮会逐渐变成白色，称作褪色，而母鸡产蛋越高，则褪色越重。因此，选择时应选留褪色多的母山鸡。

（二）根据生产性能记录成绩选择

这些生产性能记录的成绩，主要有早期生长速度、体重、体尺、屠宰率等生长指标以及产蛋量、蛋重、受精率、孵化率、育成率等繁殖指标。这种选择方法适用于山鸡育种场，一般可通过系谱资料本身成绩、同胞兄妹生产成绩以及后裔成绩等几个方面进行综合评价。

1. 根据系谱资料选择

主要是通过查阅雏山鸡和育成山鸡的系谱，比较它们祖先生产性能的记录资料来推断它们的生产性能，这对于还没有生产性能记录的母山鸡或公山鸡的选择具有特别重要的意义。在实际运用中，记录成绩的血缘越近影响越大，因此，一般只比较父代和

祖代的相关记录。

2. 根据自身成绩选择

种山鸡本身的成绩充分说明每一个个体的生产性能，比系谱选择的准确度要高得多。因此，每一个育种场都必须做好个体各项生产性能测定记录工作，为准确选种提供依据。

3. 根据同胞姐妹生产成绩选择

这是一种选留种公山鸡时最常用的选择方法，由于种公山鸡同胞姐妹具有共同的父母（全同胞）或共同的父或母（半同胞），在遗传上有很大的相似性，因此，利用她们的平均生产成绩即可判定种公山鸡的生产性能。实践证明，这种选择方法具有很好的效果。

4. 根据后裔成绩选择

用这种方法选出的种鸡肯定是最优秀的，所选种山鸡的遗传品质也肯定能够稳定地传给下一代，而其他 3 种方法所选出的优秀种鸡的遗传品质是否能够稳定地传给下一代，也必须通过这一方法进行鉴定。因此，这种选择的方法是根据记录成绩进行选择的最多形式，但采用这种方法鉴定的种鸡年龄往往在 2.5 岁以上，可供种用的时间已经不多，但可利用它建立优秀的家系。

九、山鸡的选配

选配的目的就是有计划地选取公、母山鸡，使之组群交配、繁殖所需的后代，而且通过选配，可以起到使后代中基因的纯合型或杂合型减少或保持不变的效应，从而不但可以保持和巩固山鸡的优秀性状，而且还可以通过基因的分离和重组，产生更优秀的性状。

目前，生产中常用的选配方法有品质选配和亲缘选配 2 种。

（一）品质选配

就是按照参与繁殖的公母山鸡的品质进行选配，包括同质选配、异质选配和随机选配 3 种。

1. 同质选配

选择性状相同、性能表现一致的优秀公母山鸡进行交配的方法称为同质选配。这种选配可以增加后代基因的纯合型，使公母双亲的共同优良性状能够稳定地遗传给下一代，并使其得到巩固和提高。因此，为保持原有品种固有的优良性状，或在杂交育种中能及时固定出现的理想型，必须采取同质选配。

2. 异质选配

将性状不同或虽然同一性状但表现不一致的公母山鸡进行交配的方法称为异质选配。这种选配方法可以增加后代基因杂合型的比例，降低后代与亲代的相似性，使后代群体中出现生产性能比较一致。如选择产蛋高的母山鸡与体型大、产肉率高的山鸡交配，可将 2 个个体的优良性状结合起来，获得兼有双亲不同优点的后代，从而使山鸡群在这 2 个性状上都得到提高。

3. 随机交配

这是一种不加人为控制、让公母山鸡自由随机交配的选配。这种选配能够保持群体遗传结构和后代中基因频率不变，其生产形式为大群配种，但这是一种在选种基础上的配种，不等于无计划的配种。

（二）亲缘选配

是指按照参与繁殖的公母山鸡亲缘关系的有无和远近来进行选配的方法，包括近亲交配和非亲缘交配。

但从生产角度来说，应尽量避免近亲交配，以免使品质退化，但近亲作为一个交配制度和育种措施，在育种上是一个不可

缺少的手段，只要掌握适当和应用得当，完全能够获得理想的效果。

十、山鸡育种方法

常用的山鸡育种方法包括纯种选育和杂交育种两大类。

（一）纯种选育

是指在同一品种（系）内进行选育，以获得纯种的育种方法。这种方法对加强山鸡种群的遗传特性和巩固生产力是稳定可靠的。

纯种选育的常用方法有以下3种。

1. 家系育种法

采用小间配种法，每小间放一只公山鸡和12～15只母山鸡形成一个家系，采用系谱孵化并记录。育成期结束后，对每个家系分别选种，对性状表现好的家系进行扩繁，形成优良家系，然后封闭血缘，进一步选育，形成具有一定特点的品系。也可以根据育种目的，采用近亲交配的方法组成家系进行选育，把优良性状固定下来。

采用家系育种时，最好所用供选家系不少于20个，这样经3～5年后就可形成具有一定特性的优良家系，再经6～8年的封闭选育，就可形成新品系。

2. 系组建系育种法

首先在原始群中选出最好的种公鸡作为系祖，然后采用温和的近交（堂表兄妹），使后代都含有同一系祖的血缘，形成具有同一系祖特点的群体，然后固定下来，并不断遗传下去，形成新品系。

3. 群体继代选育法

家禽采用最普遍的育种方法为群体继代选育法，现对群体继代选育法做简要介绍。

(1)基础群建立：按照建系目标，把具有品系所需要的基因汇集在基础群中。基础群的建立方法有两种。一种是单性状选择，即选出某一突出性状表现好的所有个体构成基础群。另一种是多性状选择，不强调个体的每一个性状都优良，即对群体而言是多性状选留，对个体只针对单性状，基础群应有一定数量的个体。如果基础群的数量少，除了降低选择强度，还会导致近交系数上升，导致群体衰退。

(2)闭锁繁育：在基础群建立后，必须对山鸡群进行闭锁繁育，即在以后的世代中不能引入任何其他外血，所以后备鸡都应从基础群后代中选择。闭锁后即使不是有意识地采用近交，山鸡群的近交系数也自然上升。这意味着会使基础群的各种各样基因通过分离而重组，并逐步趋向纯合，再结合严格的选种，就可以使存在一定差异的原始基础群，经过4~6个世代的选育，转变成为具有共同优良特点的山鸡群。由此可见，近交是建立群系必不可少的一种手段。

闭锁群内各个体间的具体选配，应采用随机交配，避免有意识的近交，近交程度过高，生活力衰退的危险性更大，同时近交进展快，会使基因分离时各种可能的基因组合不能全都表现出来，特别是基础群较小时，更有可能使群体丧失一些有益的基因。相反，随机交配时，基因组合的种类较人为有意识个体选配时为多，使各种基因都获得表现的机会，为充分发挥选种的作用创造了前提。

(3)严格选留：①每一世代的后备山鸡尽量争取集中在短时期内产生，并都在同样饲养管理条件下成长和生产，然后根据本身和同胞的生产性能等进行严格的选种，代代如此，而且选种标准和选种方法代代继续保持一致，所以称之为继代选育法。使基因型频率朝着同一方向改变，使变异积累而出现基因型和表型的

显著变化。由于饲养管理条件相同，大大提高了选择的准确性。

②山鸡的选留，按它们的生长和生产阶段进行，但应使各阶段的选择强度尽量随年龄增大而加大。

③缩短世代间隔，加速遗传进展。为了缩短世代间隔，山鸡一般采用本身生产性能测定和同胞测定，选育必须保证子代优于上代的前提下进行，这样才能加速遗传改良速度。一定要以提高选种准确性为基础。

（二）杂交育种

采用2个或2个以上品种或品系的公母山鸡进行交配，并对后代开展进一步选育的方法。杂交育种是培育优秀新品种的一条非常重要途径，也是改良低产山鸡群，创造新类型的重要手段。

1. 开展杂交育种应具备的条件

（1）杂交的双亲应有较大的异质性，这样容易获得超越双亲的生产性能或经济性状。

（2）选配公鸡的生产性能应有突出优点，且体质结实、体型外貌良好、健康无疾病。

（3）被改良者必须有一定数量的母鸡群，且在繁殖力等方面具有优良品质。

（4）具有优良的设施条件和管理水平，以保证杂交后代的优良性状得到巩固和发展。

（5）严格选择杂交后代，因为杂交后代的变异性较大，易出现分离现象，只有严格选择，才能达到预期效果。

（6）适时控制杂交程度，当杂交后代中出现理想个体后，应及时进行固定，加强选育。

2. 杂交育种方法

由于杂交的目的不同，山鸡的杂交育种主要有育成杂交、导入杂交和生产性杂交3种方法。

（1）育成杂交：选择2个或2个以上品种（系）的山鸡进行杂交，然后在后代中进行选优固定和加强培育，育成一个生产性能高、符合经济需要的新品种。而这些后代具有的优良性状的固定多以闭锁群选育为主，不得引进外血，也不得近交。

（2）导入杂交：又称改良性杂交，是指原有品种的某些性状主要是经济性状存有缺点，而另一品种山鸡的这个性状却很优秀，这时所选用另一品种山鸡来改善原有品种山鸡性状的育种方法。

（3）经济杂交：就是利用山鸡不同品种（品系）之间杂交所产生的杂种优势，使其后代的生活力、生产性能等方面优于纯繁的亲本群体，从而获得更多更好的产品。可分为二系杂交、三系杂交和四系杂交等3种杂交模式。

①二系杂交就是2个不同品系的杂交，其后代既可用于商品生产，也可用于三系、四系杂交的素材。很明显，二系杂交是最简单和快速的生产商业产品方法，杂交选择的品系能保护双亲群体的某些选择性状。例如，如果期望肉用型山鸡，用肉用型公鸡品系和产蛋好的母鸡品系杂交，以便在杂交种中维持好的产蛋和受精率水平（图4－4）。

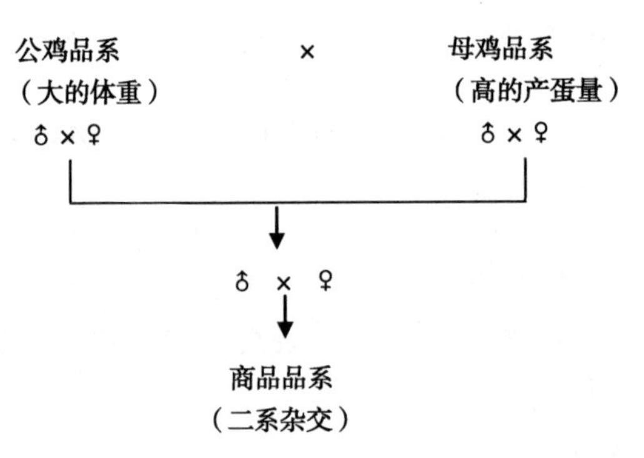

图4－4　2个不同性状选择的杂交系

②三系杂交就是用二系杂交的后代与第三个品系杂交，产生的后代直接用于生产，其特点是杂交优势比二系杂交更强大。

③四系杂交就是用4个不同品系先进行两两杂交，所得到的2个后代再杂交，成为具有4个品系特点的后代，这种杂交方式由于使用的品系较多，遗传品质更完全，杂种优势更大。采用四系杂交生产期望的商业产品，父系选择体重大和羽速生长快，母系选择产蛋量高和性成熟早。四系杂交的产品是一种合理的有利于繁殖性状的大群鸡（图4－5）。

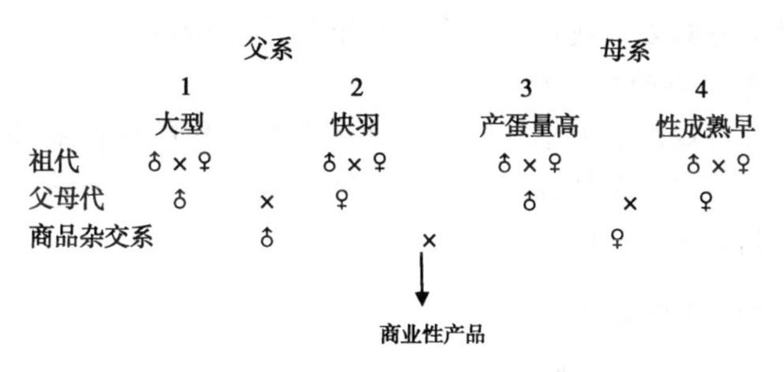

图4－5 几个性状选择的杂交系

十一、山鸡育种技术

（一）建立育种核心群和基础群

为了准确开展山鸡育种工作，种山鸡群在经过普遍鉴定后，根据山鸡的品种类型、等级、选育方向等要求，开展分群整理工作，将整个山鸡群分成育种核心群、生产群和淘汰群。

育种核心群是育种工作的基础，它们是最优秀的种鸡，一般占全群的20%～25%。生产群一般用于生产商品山鸡，而淘汰群只作为商品山鸡出售。

基础群是山鸡育种工作的原始材料，它的优劣关系到山鸡育种工作的成败。因此，在建立基础群时应注意下面几个问题。

1. 基础群个体的来源

根据不同的育种目标和方向，可以2种途径建立基础群：一是从本品种选育山鸡群中选择最理想个体；二是从二系或三系杂交的后代中挑选符合育种要求的个体。

2. 基础群的个体要求

选入基础群的个体，应事先经过鉴定，各方面性状较好，符合育种的方向要求或具有突出特点而没有遗传疾病。

3. 基础群的规模大小

基础群规模的大小，应以能满足育种工作的最低需要为度，例如，要建立一个基础山鸡群，公母比例是1：5，则最低需要5只公山鸡和25只母山鸡。

（二）种鸡编号

种鸡编号是育种的一项重要工作，其作用是便于查阅系谱和记录生产性能等资料。

种鸡编号有翅号、脚号和肩号3种方法。翅号应戴在出壳后雏鸡右侧尺骨与桡骨之间的翼膜上；脚号和肩号则应分别用于成年种山鸡的左胫和右肩上。

（三）育种记录

对每日产蛋量、个体系谱、生长、饲料消耗和死亡率的统计记录，是良好管理的重要部分，是培育优良品系的基础。因此，必须完备各种育种记录表格，便于及时记录相关情况和资料，总结和分析山鸡的生产性能，确保育种工作顺利进行。

开展山鸡育种的记录表格可多种多样，但必须具有产蛋记录表、系谱孵化记录表、雏鸡编号表、体重记录表、家系记录表、

死亡记录表、配种计划表、种鸡卡片等。

（四）生产性状

生产性状主要有蛋用性状、肉用性状和繁殖性状 3 个方面。

1. 蛋用性状

包括开产日龄、产蛋量和蛋重等。

（1）开产日龄：个体开产日龄以每只母鸡产第一个蛋的日龄做记录。群体开产日龄以该群山鸡达到 5% 产蛋率的日龄做记录。

（2）产蛋量：

①将每天群体产蛋数记录在产蛋记录表中，主要用于繁殖场。计算方法有母鸡饲养日产蛋量和入舍母鸡日产蛋量。母鸡饲养日产蛋量是指统计期内的总产蛋量除以平均日饲养母山鸡数。入舍母鸡产蛋量是总产蛋量除以入舍母鸡数。这种计算方式的产蛋量低于前一种计算方法，但可反映山鸡群的管理和遗传育种情况。

②个体产蛋量的测定主要用于育种场，一般采用单笼饲养或自闭产蛋箱，就可准确记录每只种鸡的产蛋量。在留种时，应在每个蛋的钝端记上公鸡号、母鸡号及产蛋日期，并同时记入个体产蛋记录簿中。

（3）蛋重：

①平均蛋重：个体记录的育种群每只母山鸡连续称 3 个以上蛋的重量，求平均重，上海红艳山鸡孵化专业合作社个体蛋重测定时间为 38 周龄；群体记录连续称 3 天的产蛋总重，求平均重，规模化山鸡场按日产蛋量的 2% 以上称蛋重，求平均重。

②开产蛋重：母山鸡产的第一个蛋的重量。

2. 肉用性状

（1）生长速度：山鸡达到上市体重日龄越小，饲料报酬越高，因此，山鸡的早期生长速度就成为肉用山鸡的重要经济性状，不同品种生长速度不同，生长速度遗传力较高，经选择后容易得到改进。

（2）体重：体重反映山鸡的发育和健康状况，是产肉量的重要标志，与蛋重成正相关。应加强育雏育成期的体重管理。体重通过个体选择可以收到明显的效果。

（3）屠宰率：屠宰率是产肉率的重要指标。屠宰率测定时，宰前禁食12h后称重为宰前体重，然后放血、去羽毛、脚角质层、趾壳和喙壳后的重量为屠体重。用屠体重除以宰前体重，即得屠宰率。

3. 繁殖性状

种蛋的受精率和孵化率是反映山鸡繁殖性能的2个重要指标。

（1）受精率：受精率是指对种蛋照检后，将受精蛋数除以入孵种蛋数的百分率。

（2）孵化率：入孵蛋孵化率是指用出雏数除以入孵种蛋数的百分率。

（五）系谱孵化技术

系谱孵化是山鸡育种场进行品系育种时的重要技术，实施系谱孵化时应做好以下几个工作。

（1）用自闭产蛋箱或单笼饲养模式收集种蛋，同时用记号笔在种蛋上进行编号，并注明父号、母号和配种间号。

（2）入孵前依父系或母系分别在系谱孵化表中进行种蛋孵化号、父母号和种蛋等登记。

（3）落盘时，按母系装入出雏笼或出雏袋中出雏，以免混淆。

（4）出壳羽毛干后，雏山鸡称重、编翅号，并详细记入系谱孵化表。

第五章　山鸡光照时间和鸡蛋生产

一、繁殖周期的规律

生活在北纬的大多数温带鸟类都有明显的繁殖周期规律，鸟类日常由眼睛或通过大脑接收光照产生性反应。光敏感时期发生在光照开始（黎明）以后11~16h，在自然界，当自然的日照每天持续11h以上时，光敏感性阶段开始。

促性腺激素（GH），促黄体生成素（LH）和卵泡刺激素（FSH）的分泌一般认为是通过下丘脑的神经内分泌系统而产生。这个机制是对各种光周期信息和鸟类的生物钟识别日夜长短的反应（图5-1），当垂体前叶分泌LH和FSH时，促进性腺即卵巢和睾丸的生长。

二、性腺的生长和维持

FSH刺激母鸡卵巢的生长以及公鸡睾丸的精子发生和成熟，FSH促进睾丸的间质细胞生产雄激素，即睾丸激素，睾丸也生产某些母鸡的性激素，即孕酮和雌激素，但母鸡的这些激素不能由血液扩散。

公鸡雄激素促进鸡冠、肉髯、脸和眼斑、羽毛形状的生长，公鸡颈羽和鞍羽伸长并逐渐变细，而母鸡颈羽和鞍羽变短并更多地变钝圆，阉割的公鸡（阉鸡）和母鸡（去掉卵巢的母鸡）发

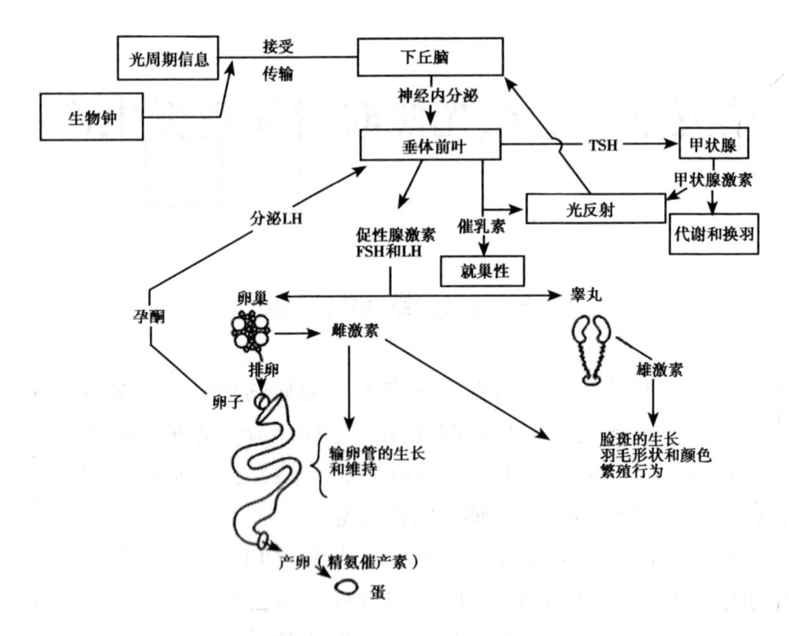

图5－1　山鸡繁殖激素控制顺序

育的羽毛，除羽毛较长外，羽毛颜色和种类由性激素影响，公鸡的羽毛比母鸡的更艳丽，阉鸡的羽毛颜色是不变的，但阉割母鸡的羽毛变为公鸡的类型。

母鸡主要的性激素是雌激素和孕酮，孕酮由发育的卵细胞产生，雌激素由膜间质细胞产生，雌激素促进卵泡生长发育，孕酮促进排卵激素释放（LH），在呈现羽毛二态性的种鸡中，雌激素也支配羽毛的颜色和形状。

母鸡的左卵巢和左输卵管为繁殖器官，而右边的输卵管和卵巢未到成年就退化。

卵泡（囊体）的发育成熟是一个逐步的过程，当母鸡接近性成熟时，未成熟的卵子开始迅速生长，9～10天内达到成熟，

山鸡的囊体通常包含3～5个卵泡。

排卵时，从卵泡中释放出卵子，由卵泡膜破裂引起，排卵发生在产蛋后30～75min，排卵由垂体前叶排卵激素LH的周期性释放引起，一般认为孕酮正常刺激垂体释放LH。

产卵（产蛋）控制是由子宫收缩引起的，由垂体后叶分泌的精氨酶催产素引发，排出卵子的卵泡破裂影响产蛋时间。

三、日照长度和繁殖阶段

在北纬30°～40°自然光照从最短（冬至）9h到最长15h（夏至）变化，一般，当自然光照每天接近12h（春分），太阳与地球赤道交叉时，多数的禽类达到性成熟。

圈养时，大多数禽类对长日照的光周期不起反应，如果饲养在稳定刺激光照下，必须给它们非刺激光照期（每天少于11h），为光刺激做准备。野生山鸡生活在北纬通常在繁殖周期中经历4个阶段（图5－2），具体如下。

1. 光照不应期

光照不应期是对光刺激没有性反应的时期，在一年中的其他时间应是有刺激的，下丘脑休眠的发生来自性腺或脑垂体腺的反馈。

2. 预备期

这是在秋季和初冬时期，这时自然日照减少，性腺恢复活动。

3. 增长期

这个阶段可能在中冬开始，大约持续3个月，每天光照期从9h增加到12h，生理学上，达到性成熟几乎在春分以后，配种行为活动如炫耀，跳舞，发出低沉的声音，奇异的飞行，交配以前由公鸡进行预先筑巢行为等其他的形式。

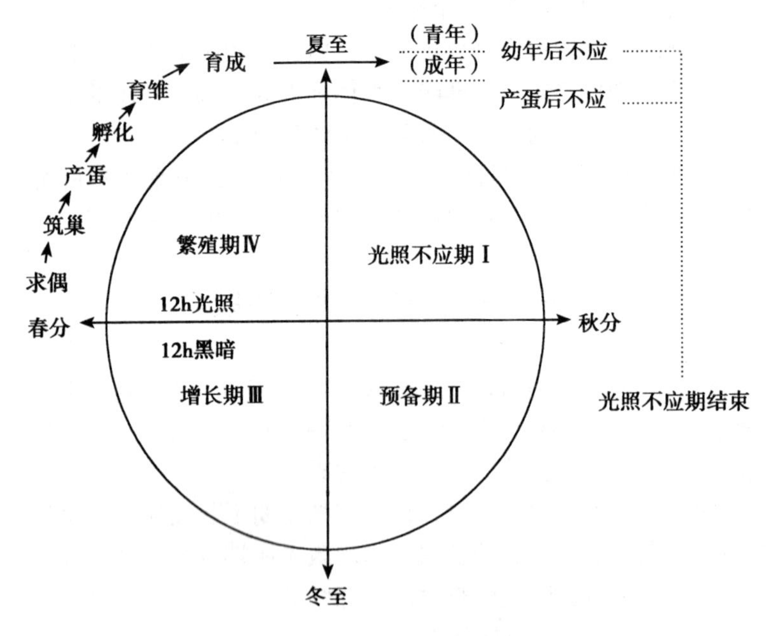

图 5－2　野生山鸡每年的繁殖周期

4. 繁殖期

山鸡完全性活动的阶段仅持续较短的时间，如果蛋巢出现破坏，山鸡将建立第二个蛋巢，并生产第二窝蛋。

在自然界，配种、筑巢、产蛋和孵化的准备可持续 2～3 个月。山鸡一般将蛋巢位置选择在草本植物或树的附近或下面以及有水的附近，蛋巢通常在地面线的低地上用树叶或其他软的材料填底。一般产 6～20 个蛋，孵化 24 天出雏。

四、山鸡产蛋的人工光照参数

光照的标准是取得最大性反应的关键，以下几个定义有助于

讨论和理解。

英尺烛光（fc）：远离标准烛光（2.5cm 直径的烛光）1 英尺（30cm）的光照强度。

勒克斯（lx）：SI（公制）单位，等于 0.093fc。

流明：光源照到表面上发射的光数量单位，每平方英尺（929cm²）1 流明产生 1fc 的光照强度（10.76lx）。

（一）光照不应期

光照不应期是一种生理状态，刺激性光照对山鸡不会引起性反应，山鸡连续地提高刺激光照也会变成光照不应，因此，必须在产蛋光刺激之前提供非刺激光照期。

（二）休产期的持久性

在非刺激光照下，休产仅 4 周以后，种鸡可成功地中断光照不应，但不管怎样，最大 6 周的休产是必需的。让公鸡先于母鸡 2 周进行光刺激，可以使公母同步性反应。种山鸡要求在准备产蛋时最小 6 周非刺激光照。

（三）休产期的光照数量和强度

给山鸡提供产蛋的刺激光照以前应接受至少 6 周的非刺激光照。

利用每天 8h 的非刺激光照期，光照强度为 5lx 共 12 周，满足两个不同群体的山鸡循环两个产蛋周期。

（四）产蛋期每天光照的数量和强度

山鸡母鸡 2～7 月每天接受连续 15h 的光照，比接受与自然光照时间相同的人工光照的母鸡多产 13 个以上的蛋。

Slangh 等（1988）发现连续每天 16h 光照与每天总光照少于

5h 间歇光照相比较，即使所有间歇光照组的性成熟都延迟了，山鸡母鸡接受间歇光照比 16h 连续光照生产明显多的鸡蛋，但所有间隙光照的受精力比连续 16h 光照的低。

Woodard 等（1988）发现获得最优质精液和鸡蛋生产性能的最佳光照强度至少 10lx。10lx 以下尽管母鸡的产蛋不受影响，但公鸡的性反应受到显著不利影响。

减少光照会产生影响，特别是在产蛋后期减少时，光照改变后产蛋量显著下降。

（五）光照刺激以后产的第一个蛋

山鸡光照刺激以后产的第一个蛋，应在光照刺激以后的 12～14 天比较适合。

（六）光照方案

根据山鸡的生产性能和市场需要主要应用的光照程序类型。一年到头生产山鸡蛋或山鸡，要求多群体管理，休产一个群体，第二个群体产蛋。表 5－1 光照方案表明是一个群体的 2 个周期，当第一个群体休产时，第二个群体循环产蛋，这样，一年都有生产的群体。

表 5－1　山鸡每年 2 个以上产蛋期光照方案

<table>
<tr><td>16L：8D</td><td colspan="2">8L：16D</td><td>☆</td><td>16L：8D</td><td colspan="2">8L：16D</td><td>☆</td></tr>
<tr><td rowspan="2">第一产蛋期</td><td colspan="2">♀11 周</td><td>2 周</td><td rowspan="2">第二产蛋期</td><td colspan="2">♀11 周</td><td>2 周</td></tr>
<tr><td>♂9 周</td><td colspan="2">4 周</td><td>♂9 周</td><td colspan="2">4 周</td></tr>
<tr><td>13 周</td><td colspan="3">13 周</td><td>13 周</td><td colspan="3">13 周</td></tr>
</table>

☆：要求开始精液和蛋生产的时间

概括光照种山鸡群的程序如下：

（1）在开产之前 1 个月饲喂适宜配方的种鸡日粮。

（2）如果可能，在春季开始首个产蛋周期。

（3）休产期公母分开，以便公鸡比母鸡提前2周进行光照刺激。

（4）在每个刺激光照周期开始对公鸡断喙。

（5）在产蛋舍采用白炽灯，按顺序排列，用调光开关，在鸡的水平线测定20～50lx的光照强度对开产是合适的。

（6）在休产期，鸡舍必须不透光16h，黑暗期不中断，在休产期用低强度的光（2～5lx）。

（7）在刺激光照开始以后2～3周，母鸡应开始产蛋。

（8）产蛋开始测定公鸡生产性能（受精力），应检查小群或笼养配种。

（9）保持灯泡清洁以确保最大的生产性能。

（10）在产蛋和休产期保持种鸡适宜的环境温度。

（11）有规律地检查小群配种以维持适当的配种比例和鸡群的健康。

五、光照说明

（一）光的质量

山鸡仅对有明显波长的光起反应，明显的范围包括紫色、蓝色、绿色、黄色、橘色和红色波段，多数普通光源为人工的白炽和温暖的荧光灯，他们在光范围的上端，具有较好能量的灯光（黄色、橘色和红色），对产蛋是最有利的，冷的荧光灯泡散发更多的波长在紫色、蓝色和绿色范围的那一端，不能满足性刺激。总而言之，蓝光没有刺激，有时被用作捕捉山鸡的光照，因为山鸡表现出对蓝色的夜盲，低强度的红色和白色光常被用于育雏和育成时帮助防止啄癖。

（二）光照需求和测定

高瓦数灯一般被用作种鸡围栏的外面，白炽灯最好用在天花板较低的鸡舍，因为每瓦的流明数较低，为了测定种鸡舍内的光照需要，需要测定瓦容量的总流明和鸡舍的大小。下面的公式可被用作计算鸡舍的光照需求。

总流明：(英尺照度需求×地面面积） ÷ ［应用系数×维持因子（常数)］

样本计算：

地面面积：32 英尺[①]×32 英尺 =1 024 英尺^2

期望的英尺照度（lx）需求：3fc（30lx）

种鸡的推荐范围：2～5fc（20～50lx）

应用系数：0. 65（涂墙和天花板）

维持因子：0. 50

计算：

流明：(3×1 024） ÷ （0. 65×0. 5） =3 072 ÷0. 325 =9 452 流明

如果 100W 白炽灯，每个灯泡有 1 600流明的效果，然后需要如下：

9 452 ÷1 600 =6 只灯泡

测定流明需求的简单方法是假定每平方英尺提供约 1 英尺照度，地面空间要求 2 个流明。这样，如果你的光照程序最小为 3 英尺照度，你应在每平方英尺的区域增加 6 流明，由固定的灯光数量除以这个数，不确定灯泡大小。例如：

地面面积：32 英尺 ×32 英尺 =1 024 英尺^2

总的流明：1 024 ×6 流明 =6 144 流明

---

① 1 英尺 =30. 48cm

每个灯泡的流明：6 144 流明 ÷6 个灯泡 =1 024 流明/只

75W 灯泡产生 1 024 流明。

灯泡应合理安排，以便在山鸡水平供给一致的灯光，灯之间和每排灯之间的距离分别为灯到鸡的距离的 1 倍和 1.5 倍，但不多于 2 倍。

(三) 灯的特征

许多类型灯的光照对山鸡生产者是有效的，包括白炽灯(钨)、荧光灯、水银灯、高压钠灯和金属卤化灯，如果需要低强度和光照一致的灯，只有钨灯能提供，这是一个优势。对于较低的天花板，使用钨灯和荧光灯光照系统。对于外面的光照，最有效的灯是水银灯和金属卤化物灯，因为只需要几只。表 5 –2 提供灯的特征，表 5 –3 提供灯颜色特征。

表 5 –2 灯的特征

灯的类型	估计规格（W）	总的规格（W）	平均流明	流明/W	使用寿命（h）
白炽灯					
标准	15	15	110	7	2 500
	25	25	210	8	2 500
	40	40	410	10	1 500
	60	60	780	13	1 000
	100	100	1 580	16	750
	150	150	2 500	17	750
延伸服务	40	40	380	9	2 500
	60	60	700	12	2 500
	100	100	1 340	13	2 500
	150	150	2 100	14	2 500
荧光灯（冷或暖白色） 管状，长度，英寸					
18	15	20	750	38	7 500

（续表）

灯的类型	估计规格（W）	总的规格（W）	平均流明	流明/W	使用寿命（h）
24	20	25	1 100	44	9 000
48（节能）	34	39	2 700	69	20 000
48	40	46	2 800	60	20 000
96（0.8A）	110	126	8 000	63	20 000
96（1.5A）	215	245	12 000	49	12 000
圆形，直径，英寸					
6.5	20	32	600	19	12 000
8.3	22	34	760	22	12 000
12.0	32	45	1 450	32	12 000
16.0	40	54	2 060	38	12 000
高强度放电灯（HID）					
水银灯（HG）	50	65	1 300	20	16 000
	100	120	3 600	30	16 000
	175	200	7 600	38	16 000
	250	280	11 000	39	16 000
	400	440	2 000	45	16 000
金属卤化物灯（MH）	175	210	13 000	62	15 000
	250	290	18 500	64	15 000
	400	460	31 000	67	15 000
高压钠灯（HPS）	50	70	3 600	51	16 000
	70	90	5 220	58	16 000
	100	125	8 550	68	16 000
	150	180	14 400	80	16 000
	200	240	19 800	82	16 000
	250	295	27 000	91	16 000
	310	365	33 300	91	16 000
	400	470	45 000	96	16 000

（续表）

灯的类型	估计规格（W）	总的规格（W）	平均流明	流明/W	使用寿命（h）
低压钠灯（LPS）	18	30	1 800	60	10 000
	35	55	4 800	87	18 000
	55	75	8 000	107	18 000
	90	120	13 500	112	18 000
	135	185	23 000	124	18 000
	180	230	33 000	143	18 000

摘自美国农业部农场主公报 2243 号：农场光照

表 5－3　灯的外观和颜色

灯的类型	灯的颜色	人皮肤出现的颜色	灯改进的颜色	灯变灰色
荧光灯				
冷白色（CWF）	白色（浅蓝色）	浅桃红色	蓝色、黄色、橘红色	红
暖白色（WWF）	白色（微黄色）	蜡黄色	黄色、橘黄色	蓝色、绿色、红色
高强度放电灯				
水银灯（HG）	蓝白色	灰色	蓝色、绿色	红色
金属卤化物灯（MH）	微绿白色	灰色	蓝色、绿色	红色
高压钠灯（HPS）	微黄色	微黄色	绿色、黄色	蓝色、红色
低压钠灯（LPS）	黄色	灰色	橘黄色、黄色	除黄色外的其他所有颜色
白炽灯	微黄白色	白色	黄色、橘黄色、红色	蓝色

摘自美国农业部农场主公报 2243 号：农场光照

(四) 自然和人工光照方案

为了节约能源你可用人工和自然光照相结合，获得希望的光照刺激，在这种状态下，在太阳升起以前或太阳落山以后进行人工光照是必要的。

为了帮助确定日照外的补充光照需要，表 5 - 4 提供了北纬 30°、38°、45°太阳升起和落山的时间，图 5 - 3 中国地图纬度的大概位置。

表 5 - 4　3 个纬度的日照长度

出雏日期	鸡舍纬度								
	30°N			38°N			45°N		
	日照长度 (h)	太阳升起 (a. m)	太阳落山 (p. m)	日照长度 (h)	太阳升起 (a. m)	太阳落山 (p. m)	日照长度 (h)	太阳升起 (a. m)	太阳落山 (p. m)
1. 1	10 : 15	6 : 56	5 : 11	9 : 35	7 : 16	4 : 51	8 : 51	7 : 38	4 : 29
2. 1	10 : 46	6 : 51	5 : 37	10 : 18	7 : 05	5 : 23	9 : 49	7 : 20	5 : 09
3. 1	11 : 33	6 : 26	5 : 59	11 : 21	6 : 32	5 : 53	11 : 08	6 : 39	5 : 47
4. 1	12 : 29	5 : 50	6 : 19	12 : 37	5 : 46	6 : 23	12 : 46	5 : 41	6 : 27
5. 1	13 : 20	5 : 17	6 : 37	13 : 47	5 : 04	6 : 51	14 : 15	4 : 50	7 : 05
6. 1	13 : 46	4 : 59	6 : 45	14 : 38	4 : 39	7 : 17	15 : 22	4 : 17	7 : 39
7. 1	14 : 03	5 : 02	7 : 05	14 : 46	4 : 41	7 : 27	15 : 33	4 : 17	7 : 50
8. 1	13 : 34	5 : 19	6 : 53	14 : 06	5 : 03	7 : 09	14 : 42	4 : 45	7 : 27
9. 1	12 : 46	5 : 37	6 : 23	13 : 01	5 : 29	6 : 30	13 : 16	5 : 22	6 : 38
10. 1	11 : 53	5 : 53	5 : 46	11 : 49	5 : 55	5 : 44	11 : 43	5 : 58	5 : 41
11. 1	11 : 59	6 : 14	5 : 13	10 : 36	6 : 25	5 : 01	10 : 11	6 : 38	4 : 49
12. 1	10 : 22	6 : 38	5 : 00	9 : 44	6 : 57	4 : 41	9 : 02	7 : 18	4 : 20

注：所有数字是当地时间，来自当地时间可能有几分钟的差异

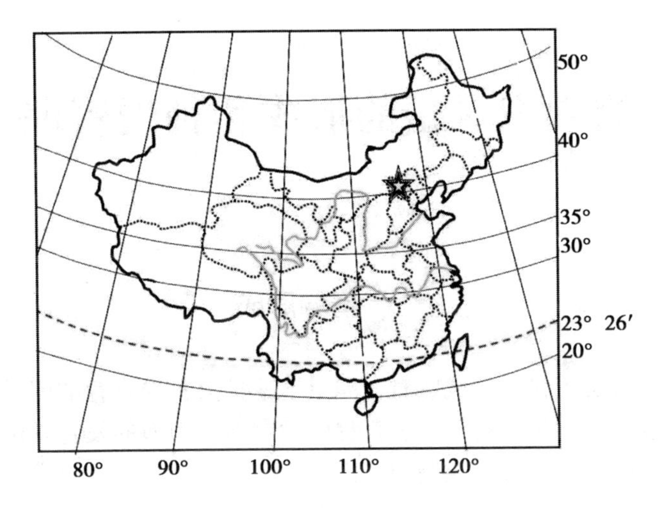

图 5－3　中国地图纬度示意图

第六章　蛋的形成和种蛋管理

一、蛋的形成

当母山鸡接近性成熟时，卵巢迅速扩大，未发育的卵子开始快速发育。卵巢内有不同发育程度的卵泡，卵泡的发育是由脑垂体释放的FSH和LH控制的。山鸡的卵子8～10天达到成熟。

当卵子达到成熟时，覆盖在卵泡膜的血管收缩，膜破裂，释放卵子进入体腔中呈喇叭状的输卵管内。成熟的未受精卵为单倍染色体，受精后恢复为双倍体细胞，受精发生在输卵管上的起始端，发育在受精以后马上开始，这时胚珠位于卵黄的表面，分解为2个细胞，这些细胞不断分裂增殖直到产蛋，到产蛋的时候通常完成了原肠胚，有的可能形成了20 000个细胞。

排卵以后，输卵管的上端（漏斗状）很快吞入卵子（卵母细胞），卵子在漏斗部停留约15min，在这里由专门的细胞分泌蛋白，为第一层蛋白，很浓稠呈凝胶似的分泌物，在漏斗的颈部沉积到卵上。当卵下移到膨大部时，更多的蛋白沉积形成一系列的同心蛋白层，当卵进入输卵管的峡部，蛋白浓度约为最终浓度的2倍，但仅是蛋白总量的一半。卵穿过峡部期间，另有一些蛋白通过管腺在蛋壳膜形成前沉积到卵上，在蛋壳腺（子宫），可见蛋白的分层。卵的旋转形成系带，系带由系带层的黏蛋白纤维组成，系带形成期间，液体蛋白被挤压形成内稀蛋白层。发育的卵在蛋壳腺中停留的时间最长，水和无机物添加到蛋白中，蛋壳

成分约98%为碳酸钙，2%为蛋白质，水和无机盐通过漏斗形的小孔（7 000～17 000个/蛋）渗入蛋壳，蛋壳常有角质层覆盖。从卵发育开始大约25h产蛋。

二、蛋的特性

受精蛋是一个完整的生命体（图2－8），蛋可以分为几个区。卵黄表面的一个小斑点叫胚盘（胚珠），是新的胚胎发育场所，卵黄和蛋白是主要的养分储备库。蛋白含有大量的水，有利于胚胎生长期间调节内部温度、湿度，进行气体交换；两个浓蛋白系带位于卵黄的相对两端，有助于平衡发育的胚盘；由内壳膜和外壳膜两层膜保护蛋的内容物，膜之间在蛋的钝端形成气室；完全覆盖蛋内容物的是蛋壳，蛋壳最外的膜叫壳胶膜。

卵黄由2种类型组成，即白卵黄和黄卵黄。白卵黄由同轴的环或层形成，占总卵黄1%～2%。大部分的卵黄是黄色的，主要是由于日粮中的叶黄素。

胚珠由白卵黄包围，比黄卵黄有较低的比重，如果蛋滚动，卵黄将旋转使胚珠重新回到顶部，在受精蛋中，不管哪种方法转动它，胚珠总是在蛋的顶部。

三、种蛋管理

孵化出满意的健康雏鸡主要依靠种鸡的正确管理（包括光照、营养和疾病控制）及种蛋的适当处理和孵化等。

（一）种蛋选择

获得最好的孵化率来自高的产蛋率，通常产蛋初期的蛋不能与产蛋高峰期的蛋一起孵化。一般根据蛋形选择种蛋，蛋壳表面应该是完好的（没有裂缝），不粗糙的。

通过照蛋，发现气室模糊或漂浮，以及有血斑或肉斑的蛋不应该孵化。蛋壳粗糙可导致低孵化率，这主要是因为蛋壳厚度明显降低。已有研究发现，新城疫、传染性支气管炎和禽脑脊髓炎等疾病，会影响蛋的内外质量，这些疾病暴发期间，母鸡所产的蛋，或蛋壳薄、或白色蛋壳、或气室移动和漂浮，胚胎可能已经携带这些疾病的病原，所以这样的蛋也不能孵化。因此，种蛋选择时应注意以下几点。

1. 种蛋来源

种蛋必须来源于健康、高产的种山鸡群，要求种山鸡必须净化新城疫、传染性支气管炎和禽脑脊髓炎等疾病；外地引进种蛋必须有相关引种证明和动物检疫证明，并查明种蛋来源。

2. 种蛋品质

种蛋越新鲜，浓蛋白比例越高，种蛋品质越优良，孵化效果越好。因此，一般以产后一周内的种蛋入孵较为合适，而以 3 ~ 5 天为最好，种蛋保存时间愈长则孵化率愈低。

3. 外观检查

种蛋应大小适中，过大或过小的种蛋会造成孵化率降低或雏鸡弱小。所以，应选择符合蛋重标准的种蛋，一般适于孵化的种蛋重应为 25 ~ 35g。

4. 种蛋形态

种蛋蛋形以卵圆形、蛋形指数 72% ~ 76% 为最好，蛋形过长或过圆会使雏鸡出壳发生困难。另外，蛋壳异常的种蛋应全部剔除。

5. 蛋壳颜色

相关试验证明，种蛋颜色与胚胎中死率有显著关系，褐色和橄榄色等深颜色种蛋的孵化率显著高于灰、蓝等浅颜色种蛋。因此，种蛋选择时，应以褐色和橄榄色等深色种蛋为佳。

（二）种蛋清洁和消毒

有些孵化场的管理人员更愿意用消毒剂熏蒸，因为这样容易快捷，可通过雇用劳动力精确完成，还有残剩的消毒剂物质仍然保留在蛋壳上以抵抗污染物。如果有适当的设备，通过正确的操作，鸡蛋清洗可有效地清洁种蛋。但是，如果水温低于推荐温度，或污染物超过浸泡清洗机中消毒剂的剂量，清洗则会引起鸡蛋污染。

清洗用水的水温必须比鸡蛋的温度高，推荐范围43～49℃，必须含有清洁剂。鸡蛋清洗机不能利用循环水，如果应用浸泡或蓄水型清洗机，水必须不断更换，每升液体不能超过50个蛋，浸泡时间不应超过3min。放到蛋盘或箱中以前，蛋应彻底干燥，大头向上。

未清洁的种蛋容易附带有害微生物，影响孵化效果及育雏成活率，而种蛋消毒是杀死有害微生物的最有效方法，一般在种蛋产出后30min内和种蛋入孵前分别进行一次消毒。

（三）鸡蛋消毒剂和清洗剂

已证明种蛋清洗和已知的几种种蛋消毒剂是安全的，含氯消毒剂广泛应用于清洗食用商品蛋。有研究证明季铵盐类消毒剂对种蛋清洗效果更好，其优点如下：

——1%水平对种蛋是安全的

——有利于清洁种蛋

——遗留的残余物可保护鸡蛋

——价格合理

利用熏蒸可以控制特殊脐炎、沙门氏菌感染等特殊疾病。如果鸡蛋来自不同地方，应在贮存以前熏蒸。鸡蛋保持干净，然后进行熏蒸。当发生疾病时，应在开始孵化的24h内熏蒸鸡蛋。能有效控制家禽疾病的一种熏蒸剂是福尔马林和高锰酸钾混合物，准备如下：

——40%商业级甲醛（保存在密封良好的容器中）

——高锰酸钾晶体（必须贮存在有色瓶中或其他防潮容器中避免氧化）

——陶器容器

——测量杯和小磅秤

——高的温度和湿度

对种蛋熏蒸或对空的孵化箱和出雏箱熏蒸，每立方米用28mL福尔马林和14g高锰酸钾，温度大约为32℃，湿度45%～46%。将陶瓷容器放在孵化箱或空气入口附近，将量好的福尔马林倒入高锰酸钾中并关闭门，熏蒸20min后再将气体排出室外。在入孵和设备使用前后熏蒸种蛋，相关要求见表6－1，严重污染时，应将熏蒸浓度增加至正常的3倍。

表6－1　福尔马林—高锰酸钾熏蒸浓度和时间

熏蒸场所	熏蒸的浓度①	熏蒸的时间②（min）
种蛋（孵化前）	3×	20
孵化中的种蛋（仅第一天）	2×	20
孵化室	1×、2×	30
出雏室，二次出雏之间	3×	30
出雏室，雏鸡室，二次出雏之间	3×	30
清洗室	3×	30
苗雏盒	3×	30

①1×＝14mL福尔马林与7g高锰酸钾混合。

②甲醛溶液（福尔马林）是有毒溶液，应按照容器标签上的说明使用。在操作熏蒸时，戴好护目镜、口罩、长袖衫、防湿手套，确保熏蒸室与室外通风。

四、种蛋保存

种蛋保存时间及环境条件，对种蛋品质影响很大。

（一）保存时间

种蛋保存时间的长短对孵化率有很大影响，原则上种蛋在孵化前的保存时间最好不超过 7 天，而且保存时间越短越好。如保存条件适宜时可适当延长保存期，但不能超过 2 周。如果种蛋需存放 2 周以上，较新鲜的蛋和较陈的蛋一起入孵，较陈的蛋需要增加孵化时间，应该预孵，3 周的蛋要求增加大约 18h 的孵化。

（二）保存温度

最新研究结果认为，山鸡胚胎发育的临界温度为 20℃，高于这一温度，鸡胚开始发育。种蛋的保存温度与保存时间存在负相关，实践证明，如种蛋保存期小于 1 周时，保存温度以 15℃左右为宜；保存期在 1～2 周时，保存温度以 12℃左右为宜；如保存期超过 2 周时，则保存温度以 10℃为宜。

保存温度 27℃以上引起细胞持续以非正常的速度分裂，影响鸡蛋质量和引起畸形，特别是大脑和眼睛区域，从而降低孵化率。保存在 0℃将影响鸡蛋，并导致蛋壳破裂。即使温度在 0℃稍上，3 天以后孵化率也会剧烈降低。一般孵化率与温度和保存时间长短有关，温度稳定在 13℃，孵化能力将保持最长时间；保存在 16～26℃，孵化率将下降。

如果保存温度比正常高或波动大，鸡蛋必须尽快入孵，鸡蛋对温度的敏感性极大，鸡蛋应该每天收集几次，特别在夏天 27℃以上或非常冷的天气（接近或低于冰冻）。

（三）保存湿度

种蛋保存环境湿度的高低，会影响蛋内水分的蒸发速度，湿度低则蒸发快，湿度高则蒸发慢。而要保证种蛋的质量，就应尽量减缓种蛋的水分蒸发，最有效的方法就是增加种蛋保存的环境湿度，一般以相对湿度75%（温度15℃时）为宜；湿度不应太高，否则，当将种蛋重新移入孵化室时会出汗，蛋壳上的水分会被吸入，从而带入表面的细菌。

（四）位置和翻蛋

种蛋通常被放在开放的平台上、蛋架或沙地上。研究表明种蛋通过小头朝上的保存方法可以提高孵化率。如果保存蛋2周以内，并保持较冷的恒温室，则不要求翻蛋；若贮存蛋超过2周，则应从保存蛋开始就应翻蛋（表6－2）。

表6－2　山鸡保存期间翻蛋

贮存期（天）	山鸡孵化率	
	翻蛋	对照
1～7	60.4%a	67.1%a
8～14	38.8%b	43.5%b
15～21	24.1%c	21.3%c
22～28	13.4%d	6.1%d
平均	34.2%	34.5%
合计蛋数	447	427

注：表中不同的小写字母表示统计差异性（$P<0.01$）；摘自Woodard等（1975）

五、种蛋运输

种蛋运输的总体原则是使种蛋尽快、安全地运到目的地。

（一）种蛋的包装

（1）采用特制的压模制造种蛋箱，箱内分成多层（盒），每层（盒）又可分成许多小格，每格放一个种蛋，以免相互碰撞。

（2）采用纸箱或木箱包装，箱内四周用瓦楞纸隔开，并用瓦楞纸做成小方格，每格放一个种蛋。也可用洁净而干燥的稻壳、木屑等作为垫料来隔开和缓冲种蛋。

（3）种蛋包装时应注意大头朝上。

（二）种蛋运输

（1）运输方式：长距离时首选飞机，较近距离时可使用火车或汽车。

（2）运输条件：温度最好在18℃左右，相对湿度在70%左右。

（3）注意事项：应轻装轻放，避免阳光暴晒，防止雨淋受潮，严防强烈震动。种蛋到达目的地后，应尽快拆箱检验，经消毒后尽快入孵。

第七章　孵化和胚胎发育

一、孵化厂

从一个小房间到现代化的孵化厂，各个鸡场孵化厂的规模和质量差异很大。孵化成功的首要条件是详细的计划，其次是维持良好的环境卫生，同时，孵化厂设备也是非常重要的。

（一）结构

理想的情况是孵化厂内孵化、出雏、鸡蛋清洁和贮存相分隔。种蛋清洗室应该有一个朝外的窗口，以方便从种鸡场接收种蛋，所有房间的墙壁都应容易冲洗，有收集孵化器和出雏器污物的排水沟和混凝土地面，墙和天花板应该有绝热隔离层。

（二）通风

适当通风，使新鲜空气适当地进入室内，将污染空气排出室外，是维持胚胎发育的良好环境基础。

（三）孵化厂的冷却

孵化厂房间内适当的冷却是必要的，在周围环境气温较高时，不仅可以冷却孵化器，也可以使人凉爽。冷却的最经济方法是利用蒸汽冷却器。房间的理想温度是 21 ~ 27℃，这有助于减少由胚胎发育产生的任何热量。为了有助于稳定室内气压，排风

扇的容量应该比冷却器进风扇大10%。研究发现，室内相对湿度维持在70%～75%，可使孵化器操作更一致。因此，应该在孵化厂的各个房间内安装湿度控制器以维持适合的湿度，但必须是卫生的（清洁过滤器），以避免传播有害生物。

二、孵化期

在适宜的孵化条件下，各种家禽均有固定的孵化期，孵化期的长短主要是由它们的遗传特性决定的。正常情况下，山鸡的人工孵化期为24天。一般山鸡种蛋在孵化至22天时开始啄壳，第23天时有少量雏鸡出壳，第23.5天时大量出壳，至第24天时出壳完毕。

孵化期过长或过短均会对种蛋孵化率和雏鸡品质产生不良影响，而山鸡胚胎发育的确切时间还受下面多种因素影响：

（1）蛋形大小：一般情况下，蛋形小的种蛋比蛋形大的种蛋孵化期略短。

（2）种蛋保存时间：种蛋保存时间过长会使种蛋孵化期延长。

（3）孵化温度：孵化温度偏高时，可缩短种蛋的孵化期；而偏低时，可延长孵化期。

三、孵化设备

大多数的商业化孵化器是为鸡蛋设计的，孵化山鸡蛋需修改，现代孵化器主要特点如下：

（1）箱子设计要求在最小的地面空间容纳最大孵化量。

（2）计算机自动化控制温度和湿度。

（3）强制通风循环，可均衡温度。

（4）机械的翻蛋设备，每2h自动翻一次。

（5）孵化室与出雏室分开，以便更好地控制出雏环境。

（6）孵化箱内有较好的冷却和通风系统。

（7）设计和材料有助于清洗和消毒，并使蛋架车或蛋盘容易移动。

（8）机械故障的自动报警系统。

（9）孵化厂必需的其他有效操作设备：

①照蛋器：主要检查是否受精和种蛋保存问题。

②鉴别或码蛋台。

③校正温度计以检查孵化器和出雏器的温度。

四、孵化环境

（一）温度

温度是山鸡胚胎发育的首要条件。山鸡种蛋在孵化阶段的最适宜温度是37.5～38℃，出雏阶段是37～37.5℃；温度过高或过低，不仅会影响孵化期，还会影响胚胎发育。应精心管理温度，不应该超过40℃。鸡蛋发育最低温度（或生物临界点）大约是20℃，最高温度是43℃。但不同的孵化方法，所使用的温度范围也有所不同，见表7－1。

表7－1　不同孵化方法的给温制度

孵化方法	给温制度	初期温度（℃）	中期温度（℃）	后期温度（℃）
整批入孵	变温孵化	38.2	37.8	37.3
分批入孵	恒温孵化	37.8	37.8	37.3

在种蛋孵化过程中，还应严格控制孵化室的温度，始终保持在21～27℃范围内较为适宜，因为孵化室温度的高低会影响到

孵化器内的温度。因此，当孵化室温度高于30℃或低于15℃时，应相应地降低或升高孵化温度0.3～0.5℃。

（二）湿度

湿度对胚胎发育具有很大的作用，过高或过低的湿度均会影响到种蛋内水分的蒸发，影响孵化效果，而且孵化后期湿度的高低还会影响蛋壳的坚硬度和幼雏的破壳。因为要控制鸡蛋中水分的蒸发，以维持各种鸡蛋成分中适当的生理平衡，湿度过高会阻挡蛋壳气孔的空气交换而导致胚胎窒息；低湿度使蛋内水分过多蒸发，从而延滞胚胎发育。山鸡蛋正常孵化的相对湿度为46%，见表7－2。

表7－2　不同给温制度的湿度要求

给温制度	孵化初期湿度（1～10天）（%）	孵化中期湿度（11～21天）（%）	孵化后期湿度（出雏阶段）（%）
变温制度	60～65	50～55	65～70
恒温制度	53～57	53～57	65～70

注：孵化期间，孵化室的相对湿度应保持在50%～60%

（三）通风

孵化过程中的正常通风，可保证胚胎发育过程中正常的气体代谢，满足新鲜氧气的供给，并排出二氧化碳；在种蛋孵化期，胚胎周围空气中的二氧化碳含量不得超过0.5%；而到了孵化后期，由于胚胎需氧量的不断增加，就必须加大通风量，使孵化器内含氧量不低于20%。而且在孵化过程中，还应始终保持孵化室内空气的新鲜和流通。但孵化过程中的通风与孵化温湿度的保持是一对矛盾，加大了通风就会影响孵化的温湿度。因此，必须通过合理调节通风孔的大小来解决这一矛盾，调节的原则是在尽可能保证孵化器内温湿度的前提下，使孵化器内的空气愈畅通愈好。

（四）翻蛋

翻蛋可使胚胎均匀受热，增加与新鲜空气的接触，有助于胚胎对营养成分的吸收，避免胚胎与壳膜粘连，促进胚胎的运动和发育并保证胎位正常。

在孵化阶段一般每2h翻蛋一次，翻蛋角度为90°；但到落盘后就应停止翻蛋，把胚蛋水平摆放等待出雏。

目前，普遍使用的孵化器均安装有自动翻蛋装置，只要设置好翻蛋程序，机器就会自动翻蛋。如使用无自动翻蛋装置的孵化器或采用其他方法孵化，则可手动翻蛋或手工翻蛋。

（五）晾蛋

在山鸡种蛋的孵化过程中，晾蛋并不是一项必需的程序，而应根据种蛋的表现来决定是否需要进行晾蛋。如果种蛋孵化时，孵化器内入孵种蛋密集、数量较大，而孵化器通风不足或温度偏高；种蛋孵化后期，由于胚蛋自身产热日益增高，容易出现胚蛋积热超温的现象，此时除了加大通风量，还应采取晾蛋的措施，每天定时晾蛋2～3次。方法是孵化器停止加热，打开箱门，保持通风，每次10～15min，将胚胎降温到32℃左右时恢复孵化；如孵化器性能良好，孵化的胚蛋密度不大时，就不必采用晾蛋程序。

五、种蛋孵化的方法

山鸡种蛋的孵化方法可归纳为自然孵化和人工孵化两大类，这里主要介绍人工孵化中的机器孵化法。

机器孵化法是目前最常用的一种山鸡种蛋孵化方法，有全自动和半自动两种孵化器。全自动孵化器：山鸡种蛋在孵化过程中，将孵化器设定好各项技术参数，只要电源正常，孵化器就会按照预先设定的程序进行数字化管理，完成孵化过程。半自动孵化器：主要在温湿度控制或翻蛋等环节还需进行手工操作。

机器孵化的操作方法如下。

（一）孵化器的准备

1. 孵化器的安装与调试

孵化器应由厂家专业人员安装，第一次使用前必须进行1~2昼夜的试温运转，主要检查孵化器各部件安装是否结实可靠，电路连接是否完好，温度控制系统是否正常，温度是否符合要求以及报警系统工作是否敏感等。孵化器试运行正常后，便可入孵种蛋。

为防停电，孵化器最好有备用电源或自备发电机。

2. 孵化操作检查表

在开始运转之前应对机器全面检查，按照以下项目和日常工作系统地完成。

（1）检查门上的垫片是否破损。

（2）检查水盘是否有漏水。

（3）彻底清洁和消毒孵化箱和孵化厂内部。

（4）温度计的检查，将标准温度计与孵化器温度计同时插入38℃温水中，观察温差，如二者相差0.5℃以上，则应更换孵化器温度计。清洗温度计和替换湿球温度计上的纱布。

（5）如果设备安装有水银开关和晶片恒温器，检查水银开关和替换旧的晶片恒温器。

（6）检查自动化的翻蛋装置，确认所有的蛋适当地倾斜而没有被卡住，润滑所有活动连接部。

（7）检查和调试通风设备。

（8）在孵化和操作中，将温湿度计插入机器，并校正温度和湿度，至少在入孵前24h设定干球的温度范围，确认达到制造商的说明书要求。

（9）孵化箱和出壳箱的熏蒸采用3倍浓度的混合液。

（10）同一个品种入孵要求清洁蛋的大小和颜色一致，将它们大头向上放入蛋盘中。

（二）孵化期管理

1. 种蛋预热

预热就是将种蛋从蛋库内10～15℃的环境下移出，使其缓缓增温，从而使胚胎从静止状态苏醒过来，有利于胚胎的健康发育。

预热的方法：在入孵前4～6h，将消毒过的种蛋大头朝上，整齐码放在蛋盘上，然后放置在20～25℃的房间内即可。在分批入孵的情况下，种蛋预热还可降低孵化器内温度骤然下降的可能性，避免了对其他批次种蛋孵化效果的影响。

2. 种蛋入孵

为方便管理，经过预热的种蛋一般在下午2时入孵，这将使苗雏的出壳时间集中在白天。如采用分批入孵的方法进行种蛋孵化时，一般以间隔7天或5天入孵一次为宜。每次入孵时，应在蛋盘上贴上标签并注明批次、品种和入孵时间等信息，以防混淆不同批次的种蛋。入孵时最好新批次种蛋蛋盘穿插在以前批次的中间，以利于蛋温调节，并应特别注意蛋盘的固定和蛋架车的配重，防止蛋盘滑落或蛋架车翻车。

3. 孵化温湿度的控制

（1）全自动孵化器能自动显示孵化器内的温度和湿度，半自动孵化器的门上装有玻璃窗，内挂有温度计和干湿度计，孵化

时应每2h观察一次温度和湿度并做好记录。

（2）孵化器内各部位温差不能超过±0.20℃，湿度不能超过±3%。

（3）对已经设定好的温湿度指示器，不要轻易调节，只有在温度和湿度超过最大允许值时，才能予以调整。

（4）当孵化器报警装置启动时，应立即查找原因并加以解决。

（5）调节孵化器内湿度的方法是增减孵化器内的水盘或向孵化器地面洒水或直接向孵化器内喷雾。

4. 断电时的处置

孵化过程中万一发生停电或孵化器故障时，应根据不同情况采取相应措施。

（1）外部气温较低、孵化室温度在10℃以下时，如停电时间在2h以内，可不做处置；如时间较长时，应采取其他方法加温，使室温达到25～30℃，适当增大通风孔并每半小时翻蛋一次。

（2）外部气温超过30℃，孵化室温度超过35℃时，如胚龄在10日龄以内时可不做处置；如胚龄大于10日龄时，应部分或全部打开通风口，适当打开孵化器门，每2h翻蛋一次，还应用眼皮测温法经常检查顶层蛋温，并据此调节通风量，防止烧蛋。

（三）出雏期管理

1. 落盘与出壳

山鸡种蛋孵化到21日龄时，将胚蛋从孵化器的孵化盘中移入出雏盘的过程称为落盘。种蛋落盘时应适当提高室温，同时应注意动作要快轻。

生产群的种蛋落盘时，只需将不同品种的种蛋分别移到不同出雏盘中，并注明品种即可；而对家系配种的种蛋，则应将同一母鸡所产种蛋装于一个网袋中，并注明相关信息，同时必须按个体孵化记录的顺序进行，以免出现差错。

种蛋孵化至 23 天时开始出现大量雏鸡啄壳出雏，此时应注意加强观察，若发现有雏山鸡已经啄破蛋壳、而且壳下膜已变成橘黄色、但破壳困难时，应施行人工破壳。方法是从啄壳孔处剥离蛋壳 1/2 左右，把雏山鸡的头颈拉出后放回出雏箱中继续孵化至出雏完成。

2. 拣雏

当出雏器内种蛋有 30% 以上出壳时可开始拣雏。拣雏时动作要迅速，同时还应拣出空蛋壳，以防套在未出雏种蛋上影响出壳；拣雏一般每隔 4h 实施一次，并将拣出的雏苗放置在铺有软而不光滑纸的容器内，放在温度 34 ~ 35℃、离热源较近、黑暗的地方；拣雏时还应注意避免出雏器内温度急剧下降，影响出雏。

对家系配种的种蛋，应按不同的网袋进行一次性拣雏并放置在不同的容器内，同时还应做好相应的标记及相关信息的登记。生产群配种的雏鸡只需将不同品种雏鸡的每次拣雏数量记录在记录表上即可。

3. 清扫与消毒

出雏完成后必须对出雏器及其他用具进行清洗和消毒。

方法是对出雏器及出雏盘、水盘等进行彻底清洗后，用高锰酸钾和福尔马林熏蒸消毒 30min。

（四）孵化记录

孵化记录中一般应包括温度、湿度、通风、翻蛋等管理情况，以及照蛋、出壳情况和苗雏健康状况等，并计算受精率和孵化率等孵化生产成绩。

受精率是指受精蛋（入孵蛋数减去无精蛋数）除以入孵蛋

数的百分率。

受精蛋孵化率是指出雏数除以受精蛋数的百分率。

入孵蛋孵化率是指出雏数除以入孵蛋数的百分率。

六、孵化效果的检验

（一）山鸡胚胎的发育过程

如果孵化条件适宜，山鸡胚胎正常的发育情况见表 7－3 和图 7－1。

表 7－3　山鸡胚胎发育不同日龄的外部特征

孵化天数（天）	发育特征
1	照检：无变化；剖检：胚胎边缘出现血岛、胚胎直径 3mm
2	照检：无变化；剖检：胚盘出现明显的原条，淡黄色的卵黄膜明显、完整，胚胎直径 8mm
3	照检：无变化；剖检：心脏开始跳动，血管明显，卵黄膜明显、完整
4	照检：胚胎周围出现明显的血管网；剖检：卵黄膜破裂，出现小米粒大小透明状的脑泡
5	照检：胚胎及血管像个“小蜘蛛”；剖检：可见灰黑色眼点，血管呈网状
6	照检：可见黑色眼点；剖检：胚体弯曲，尾细长，出现四肢雏形，血管密集，尿囊尚未合拢
7	照检：同第六天，但血管网明显，布满卵的 1/3；剖检：羊膜囊包围胚胎，眼珠颜色变黑
8	照检：胚胎不易看清，半个蛋表面已完全布满血管；剖检：胚胎形状同第七天，羊膜囊增大，内脏开始形成，脑泡明显增大，嘴具雏形，尚未有喙的形状
9	照检：同第八天；剖检：羊膜囊进一步增大，四肢形成，趾明显，有高粱粒大小的肌胃

（续表）

孵化天数	发育特征
10	照检：同第九天；剖检：脑血管分布明显，眼睑渐成形，胸腔合拢；肝脏形成
11	照检：血管网布满蛋的2/3，但大多数不甚清楚，颜色较暗；剖检：喙较明显，腹部合拢，腿外侧出现毛囊突起，肝变大呈淡黄色
12	照检：整个蛋除气室以外都布满血管；剖检：出现喙卵齿，大腿外侧及尾尖长出极短的绒毛，肌胃增大，肠道内有绿色内容物，肛门形成
13	照检：同第十二天；剖检：背部出现极短的羽毛
14	照检：血管加粗，颜色加深，蛋内大部分是暗区；剖检：体侧及头部有羽毛出现
15	照检：暗区增大；剖检：除腹部及下颌外其他部位均被有较长的羽毛；喙部分角质化，出现胆囊
16	照检：暗区增大；剖检：喙全部角质化，眼睑完全形成，腿出现鳞片状覆盖物，爪明显，蛋黄已部分吸入腹腔
17	照检：同第十六天；剖检：整个胚胎被羽毛覆盖
18	照检：小头看不到红亮的部分，蛋内全是黑影；剖检：羽毛及眼睑完全，有黄豆粒大小的嗉囊出现
19～20	照检：同第十八天；剖检：胚胎类似出雏时位置，即头在右翼下，闭眼
21	照检：气室向一方倾斜；剖检同第二十天
22	照检：蛋壳膜被喙顶起，但尚未穿破；剖检：蛋黄全部吸入腹内，蛋壳有少量的胎衣，呈灰白色
23	照检：喙穿入气室；剖检：眼可睁
23.5～24	孵出雏山鸡

（二）山鸡种蛋孵化效果的检查

1. 照蛋

用照蛋器的灯光透视胚胎发育情况的一种检查方法，其方法

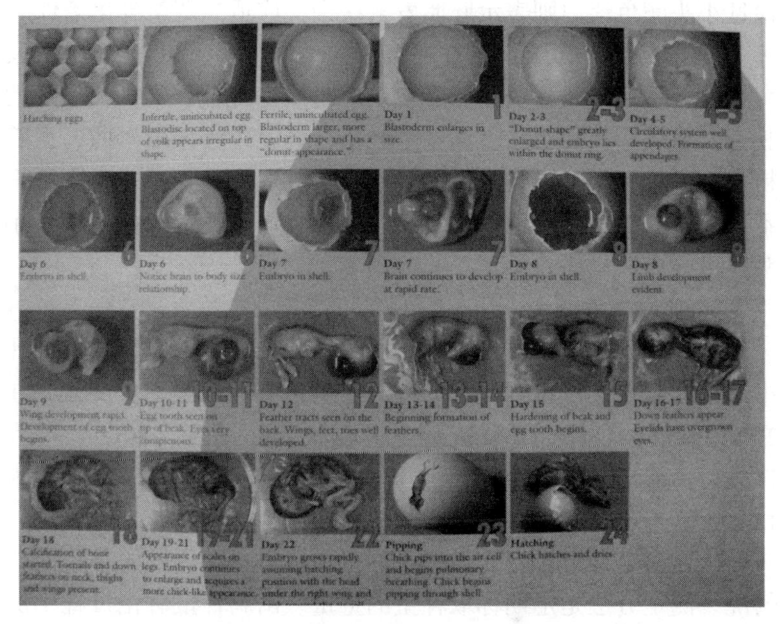

图 7－1　山鸡胚胎发育每天的变化

简便，效果准确，是山鸡种蛋孵化过程中检查孵化效果最常用的一种方法。

（1）头照：一般在种蛋孵化至第七天时进行，照蛋时应把无精蛋、破损蛋及时剔除，以防止这部分无生命蛋因变质、发臭或爆裂等污染孵化器，同时还可空出一部分孵化器空间，便于空气流通。照蛋时，无精蛋一般可见蛋内透明，隐约可见蛋黄影子，没有气室或气室很小；中死蛋可见蛋内有血环、血块或血弧、蛋内颜色和气室变为混浊。

（2）抽检：如果孵化正常时，可以不做这次检查。一般是在种蛋孵化至第十二天时，抽出几盘蛋进行照检，以检查胚胎发育情况是否正常。此时照检，可见正常胚蛋小头布满血管，如照检见小头颜色淡白则表示胚胎发育缓慢，应适当调整孵化条件。

（3）二照：二照一般在落盘时进行，主要是检查胚胎的发育情况，并检出死胚蛋和弱胚蛋。此时照检可以看到发育良好的胚蛋，除气室外胚胎已占满整个胚蛋，气室边缘界限弯曲、血管粗大、可见胚动；弱胚蛋可见气室较小、边界平齐；死胚蛋则看不见气室周围的暗红色血管、气室边界模糊，胚蛋颜色较淡、小头颜色则更淡。

2. 种蛋失重测定

种蛋重量的损失主要是由于水分从蛋壳上成千上万的蛋壳孔中蒸发，孵化蛋重正常的水分损失与孵化器中的湿度成反比。在21天的孵化期中，山鸡蛋重总的损失：高湿度（80%）下为11.5%，低湿度（40%）下为18.4%，最佳的水分损失为13.8%，一般在15%。

主要测定种蛋在孵化过程中因蛋内水分蒸发造成的蛋重变化情况。测定方法是定期称取种蛋的重量。山鸡种蛋孵化过程中的失重情况见表7－4。

表7－4　山鸡胚蛋失重情况表

孵化日龄	胚蛋失重情况（%）
第六天	2.5～4.5
第十二天	7.0～8.0
第十八天	11.0～12.5
第二十一天	12.7～15.8
第二十四天	19.0～21.0

如果山鸡胚蛋的失重情况超过表7－4的变化范围，则提示孵化过程中湿度可能过高或过低，应做适当调整。

山鸡种蛋孵化期间最佳的失重计算如下：

$(Wt \times 15\%) \div T =$ 每天失重

($Wt =$ 新鲜蛋重；$T =$ 孵化期)

若新鲜蛋重未知，计算如下：

$0.548 \times D^2 \times L =$ 新鲜蛋重（g）

式中：$D^2 =$ 蛋的短径的平方（cm^2），$L =$ 蛋的长径（cm）

种蛋失重的百分比用下列公式确定：

$(Wt_2 \div Wt_1) \times T_1 \div T_2 \times 100\% =$ 失重的百分比（%）

式中：$Wt_1 =$ 新鲜蛋重，$Wt_2 =$ 称重时失重的数量，$T_1 =$ 孵化期，$T_2 =$ 称重时孵化的天数

3. 观察出壳雏鸡

在胚蛋落盘后应认真记录雏鸡的啄壳和出壳时间，仔细观察雏鸡的啄壳状态和大批出雏时间是否正常。雏鸡出壳后还应细心观察雏鸡的健康状况、体重大小以及活力和蛋黄吸收状况，并注意观察畸形和残疾等情况，以检验孵化效果，并为育种提供依据。

4. 剖检死胚

解剖死胚常可发现许多胚胎的病理变化，如充血、贫血、出血、水肿等，并可以确定胚胎的死亡原因。剖检时首先判定胚胎的死亡日龄，并注意观察皮肤及内部脏器的病理变化，对啄壳前后死亡的胚胎应观察胎位是否正常。

（三）山鸡种蛋孵化效果分析

由于各种原因，山鸡种蛋（受精蛋）的孵化率不可能达到百分之百。造成山鸡胚胎死亡的原因很多，但主要有种蛋因素和孵化因素 2 个方面。

1. 种蛋因素（表7－5）

表7－5　种蛋因素造成孵化不良的原因分析

原因	新鲜蛋	第一次检蛋	打开蛋检查	第二次检蛋	死胎	初生雏
维生素D缺乏	壳薄而脆，蛋白稀薄	死亡率有些增高	尿囊生长缓慢	死亡率明显高	胚胎有营养不良特点	出壳拖延，幼雏软弱
核黄素缺乏	蛋白稀薄	—	发育有些迟缓	死亡率增高	胚胎营养不良，羽毛蜷缩，脑膜浮肿	很多雏鸡软弱，胫及肢麻痹，羽毛蜷缩
维生素A缺乏	蛋黄色浅	无精蛋增多，死亡率增高	生长发育有些迟缓	—	无力破壳或破壳不出而死	有眼病的弱雏多
保存时间过长	气室大，系带和蛋黄膜松弛	很多鸡胚在1～2天死亡，剖检时胚盘表面有泡沫出现	发育迟缓	发育迟缓	—	出壳时期延迟

2. 孵化因素（表7－6）

表7－6　孵化因素造成孵化不良的原因分析

原因	第一次检蛋	打开蛋检查	第二次检蛋	死胎	初生雏
前期过热	多数发育不良，有充血、溢血、异位现象	尿囊早期包围蛋白	—	异位，心、胃、肝变形	出壳早
温度不足	生长发育迟缓	生长发育迟缓	生长发育迟缓，气室界限平齐	尿囊充血、心脏增大，肠内充满蛋黄和粪	出雏期限拖长，站立不稳，腹大、有时下痢
孵化后半期过热	—	—	破壳较早	在破壳时死亡多，不能很好吸收蛋黄	出壳早而时间拖长，雏弱小，粘壳，蛋黄吸收不好

（续表）

原因	第一次检蛋	打开蛋检查	第二次检蛋	死胎	初生雏
湿度过高	—	尿囊合拢延缓	气室界限平齐，蛋黄失重小，气室小	嘴粘附在蛋壳上，肠、胃充满黏性液体	出壳期延迟，绒毛粘壳，腹大
湿度不足	死亡率高，蛋重失重大	蛋重失重大，气室大	—	啄壳困难，绒毛干燥	早期出雏绒毛干燥，粘壳
通风换气不良	死亡率增高	羊膜囊液中有血液	羊膜囊液中有血液，内脏器官充血及溢血	在蛋的小头啄壳	—
翻蛋不正常	蛋黄粘附于蛋壳上	尿囊没有包围蛋白	在尿囊外具有黏着性的剩余蛋白	—	—

3. 死亡规律分析

山鸡种蛋在孵化过程中总会有一些胚胎会发生死亡，而且其死亡的比例与孵化的各个阶段和孵化率的高低有很大的相关性（表 7－7）。

表 7－7　一般死亡规律

孵化水平	孵化过程中死蛋占受精蛋数的百分率（%）		
	1～7 天	8～20 天	21～24 天
90%左右	2～3	2～3	4～6
85%左右	3～4	3～4	7～8
80%左右	4～5	4～5	10～12

一般情况下，某些营养成分缺乏会引起中等程度的死亡率。胚胎死亡率呈现出明确的周期性，山鸡的危险期发生在第四天，第十二天和第二十二天（图 7－2）。当大多数的组织开始形成时，发生第一个胚胎死亡高峰（第四天），第一个死亡高峰后通常接着一个长期的低死亡率。

与第一个高峰相比较，第三次高峰（第二十二天）与出壳问题相关。在第二十一天，胚胎的头处于大腿之间，外部仅剩蛋黄和少量蛋白。最后 3 天期间，胚胎将它的头在右翅下伸进气室，然后按逆时针方向啄壳。啄壳时，肺呼吸开始，尿囊退化，卵黄通过卵黄囊的脐带进入体内。此时，所有的蛋白应已被利用完全，否则，当蛋白粘住鼻孔时，会引起窒息；另外，啄壳时若湿度过高，水分进入雏鸡的鼻孔，也会引起窒息。

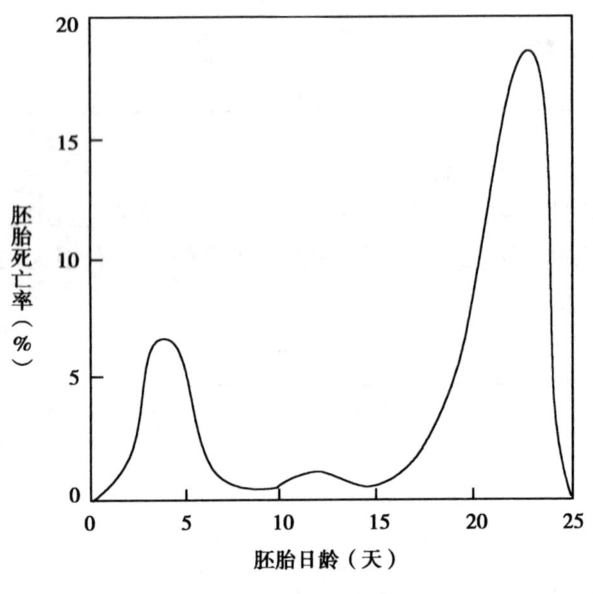

图 7－2　山鸡胚胎死亡高峰

第八章　山鸡育雏期饲养管理

育雏是山鸡人工养殖过程中最关键的一个环节，育雏期饲养管理的好坏将直接影响到山鸡以后各阶段的生长发育，甚至山鸡养殖的成败，因此，必须充分重视、精心培育。

一、育雏舍

育雏舍的功能是一个保育区，在最好的鸡舍条件下，鸡生长和发育以发挥最大的遗传潜力，下面是育雏舍的一些特征。

（1）隔离：育雏舍应与其他建筑分开，保持一定的距离。

（2）地面和墙：育雏舍的材料，能安全清洗和消毒，特别在每个季节的开始和结束。水泥地面应有斜坡，便于中间的清洗水能排出，在疾病发生时，冲洗和消毒鸡舍和设备是必须的。

（3）防暑降温：育雏舍的天花板和墙应是绝热的，大多数的绝热应用在屋顶，因为这个区域热量损失最多。

绝热材料的功能通过被称作 R 值、绝热的物质阻止热量的传递，许多不同的绝热材料被用在建筑中，表 8－1 为在工业中都很受欢迎的材料，用于鸡场也是最合适的。

二、育雏方式

山鸡大多数采用平面育雏（图 8－1），主要有育雏箱、地面平养、网上平养等方法。但也有开始在多层笼中饲养，在 3 周龄时，转到地面上饲养，地面饲养比较习惯，主要考虑成本、能源和劳动。

表 8－1　工业中常用绝热材料及其绝热率

绝热材料	每 2. 5cm 厚度的绝热率
纤维玻璃（玻璃差异棉）	3. 7
石棉	3. 3
纤维素纤维	4. 2
聚氨酯泡沫	6. 6
泡沫聚苯乙烯	5. 0
矿棉	3. 3
玻璃纤维	3. 3

图 8－1　地面育雏

在市场上有多种类型的商品多层育雏笼，有些专门为特禽设计的，其他的为家禽设计的，但可修改为山鸡的笼子，这种育雏方法的优点是容易观察小鸡，使寄生虫疾病减少，比平面育雏更有效地利用育雏舍的空间和热能，适用于规模化养殖场的成批量山鸡育雏；不足是需要更多的劳动力清洗设备，需细心照料，规模化生产最初购买笼子的费用很高。

育雏笼以3~4层叠层的方式排列来进行育雏，每层笼隔成小间，山鸡应放在每层笼的隔间中，隔间中山鸡随着长大，每周适当地减少数量，降低饲养密度以防止啄癖和应激。最初，每层笼应空出两个隔间，以便将其他隔间中饲养的山鸡搬入。为减少腿关节损伤，在加热时底面应用粗糙的纸或其他合适的材料铺垫，可以用6.3mm孔的聚乙烯垫子，它具有耐用、能清洗并重复使用几年的好处。

（一）地面空间要求

为使鸡群啄癖和应激最小化，在育雏期间必须给山鸡提供适当的地面空间，表8－2为在地面和育雏笼底部空间的大小。

表8－2　推荐的育雏空间

品种	每羽雏鸡的占地面积（m^2）	
	出雏至2周龄	3~6周龄
山鸡（中型）	0.0232	0.0697
山鸡（大型）	0.0310	0.0929

（二）育雏舍加热系统

热源通常是一种由金属片或木头制的圆形或椭圆形的育雏伞并向下弯曲（图8－2）。

图 8-2　育雏伞加热

金属电热或气体育雏伞直径为 1.8m、2.4m 和 3.6m 比较合适，可分别容纳 500 只、700 只和 1 000只小鸡。扁平的育雏伞（平顶）一般有一个直径 1.2m 的伞盖悬挂在离地面 0.6m。这样育雏伞可容纳 500～600 只小鸡。

地面加热的另一种方法：育雏地面通过铺设于水泥地下的热水管系统加热（地暖），由恒温控制的锅炉提供热水。

立体笼育雏一般笼内热源采用电热管供暖，舍温可用暖气热风供暖，但此法需要较大的设备投入，且对饲料营养和饲养管理的技术要求较高。

三、育雏要求

（一）温度

粗略而简便的方法是开始育雏温度为 35℃，以后每周下降约 2.5℃，直到羽毛长齐，在这个日龄，小鸡能够忍受舍温的正常波动；如果小鸡在运输途中已经发生长时间的冷应激，可将育雏温度设为 38℃，几个小时小鸡足够温暖以后，育雏伞温度可

下降到35℃。

雏鸡的良好表现表明了育雏环境是适宜的，有嘈杂声的小鸡通常是有问题的。一般产生育雏温度太高或太低，太高的温度将引起小鸡挤到通风防护装置的周边；在温度太低时，在育雏伞下挤作一团（图8－3）。

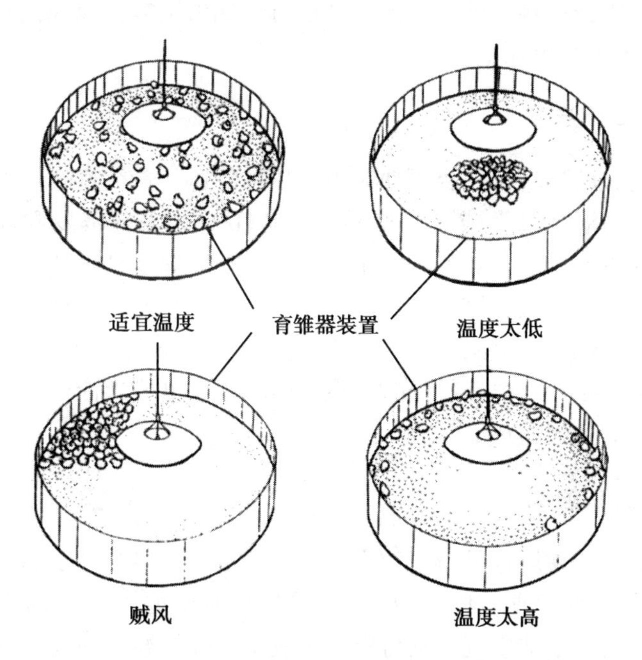

图8－3　不同育雏温度下小鸡的表现

理想的育雏环境温度是35℃到21℃，小鸡可以适应这个温度范围。冷应激是最危险的，常常导致刚育雏的小鸡死亡。

笼养育雏的温度要求较高，表8－3为上海红艳山鸡孵化专业合作社推荐的育雏期在笼养情况下不同日龄山鸡适宜温度。

表 8-3　红艳山鸡育雏适宜温度

育雏期	1~3 日龄	4~7 日龄	2 周龄	3~4 周龄	5~6 周龄
温度（℃）	37~39	35~36	30~33	26~28	25~26

注：温度应视雏鸡群情况做调整；育雏温度为育雏笼内的温度

小鸡在运输中的冷应激在到达时表现出正常，但他们到达以后 2~3 天开始死亡。

（二）湿度

适宜的环境湿度，可使雏山鸡休息舒适、食欲良好、发育正常；环境湿度过大或过低则易影响雏山鸡的水分蒸发和卵黄吸收，严重影响雏山鸡的健康生长。衡量环境湿度是否适宜的简便方法是以人进入育雏室不感到干燥为宜，适宜的育雏湿度是 1 周龄内为 65%～70%；1～2 周龄为 60%～65%；2 周龄以后为 55%～60%。若湿度过低时可在室内放置水盘或地面洒水；过高时，则应加强通风。

（三）通风

不良的通风也是鸡场的主要问题，育雏舍整个时期必须有一些空气流动（或通风），在第一周的育雏中要求最小的空气流动，此后，增加空气流动可以减少灰尘、降低温度和湿度并减少臭气。过多的灰尘能引起呼吸问题，灰尘也是病原微生物和沙门氏菌的携带者。

氨气也是一个问题，15μL/L 的浓度时能感觉到，浓度 50μL/L 时，眼睛开始发痒，同时氨气浓度 50μL/L 可影响鸡的生长。

控制通风，排风扇应安装在墙上，离地面 1.5～1.8m，如果建筑物没有隔墙，一系列排风扇需要提供一致的风速通过鸡舍的

长度，正常情况下，空气进口位于对面的墙上，应有足够的高度使空气在山鸡上方流动。6.5cm^2 进风口每分钟可排出空气 0.1m^3，当排风扇打开期间使用遮光罩时，空气进风口应增加到 8cm^2。

（四）光照

在育雏期提供光照的时间和强度是对于控制啄癖和多余的活动是很关键的。

育雏的第一周，维持光照强度 30～50lx，用白炽灯或温暖的荧光灯，通过调光开关能将光照强度减少到 5lx，可以为鸡采食和饮水提供足够的光照。

合理的育雏光照除充分利用自然光照外，还应补充一定的人工光照。光照时间一般第一周 20～24h，第二周 16h，第三周及以后可采用 12h 光照。

育雏育成期只可逐步缩短光照时间，不可延长光照时间；产蛋期只可延长光照时间，不可缩短光照时间。表 8－4 为上海红艳山鸡孵化专业合作社推荐的光照时间和光照方案。

表 8－4　山鸡光照方案

育雏期	光照时间（h）	光照强度（lx）
1～2 日龄	24	30
3～7 日龄	20	
2 周龄	16	5
3 周龄	12	
4～20 周龄	9	

（续表）

育雏期	光照时间（h）	光照强度（lx）
21 周龄	10	10 ~ 30
22 周龄	13	
23 周龄	13. 5	
24 周龄	14	
25 周龄	14. 5	
26 周龄	15	
27 周龄	15. 5	
28 周龄以后	16	

注：光照强度应在山鸡头部的高度测定

（五）育雏保护装置和吸引光

利用育雏保护装置，保持小鸡接近热源和食物（图 8 －2），这个保护装置应围住育雏伞热源、热水管或加热板。这个保护装置最初应放置在距离热源约 50cm 处，并每天扩展让圈内有更大的空间，这保护装置应在 7 ~ 9 天以后搬开，让鸡进入房间。在开始几天，在育雏伞下用 7. 5W 红光或热源引导小鸡到热源。

（六）垫料

圈内地面可利用多种垫料，理想的垫料应是无毒的、便宜的并具有良好的吸水性（表 8 －5），如木屑和谷壳。在开始 7 ~ 10 天必须覆盖垫料，以防止小鸡吃垫料，这样发育的嗉囊不会受到影响。选择垫料通常考虑可用性和价格。

表 8－5　垫料吸收特性

垫料	每 100g 垫料吸收水分（g）
大麦秆（切碎）	210
松木杆	207
花生壳	203
松木刨花	190
切碎的松木杆	186
谷壳	171
松木枝条碎片	165
松柏和碎片	160
松木皮	149
玉米棒	123
松木屑	102
黏土	69

摘自美国乔治亚大学居民公报 75：家禽系

雏鸡应开始用清洁的垫料，5～7.5cm 厚度，更换湿或结块的垫料，在潮湿的垫料上放置雏鸡是有风险的。

（七）饮水器

雏鸡安放到育雏伞下后必须学着饮水和采食，特别是雏鸡运输时间在 24h 以上，如果时间允许，把每只鸡嘴放到水盘中，使它们知道水源。

第一周，用钟式饮水器以防止雏鸡淹死。小的彩色的鹅卵石或大理石放在水盘中都可吸引雏鸡饮水并减少水的深度，钢丝网安装在水盘的开口也可用来防止雏鸡淹死。

4L 的水盘应放置在育雏伞的邻近，饮水器需要的数量根据雏鸡的数量，一般 100 只雏山鸡需要 3 个 4L 的饮水器，开始几天水盘直接放在垫料上，以后，水盘放在2.5cm高的台上。

开始几天，应添加复合维生素到水中作为抗应激剂。

雏鸡放到育雏伞以前约4h装满饮水器，一直要保持雏鸡的饮水新鲜，雏鸡饮水器和其他永久性饮水器每天应用含氯的水清洁饮水器。逐步从4L饮水器过渡到永久的饮水器（如乳头式饮水器），将4L饮水器留在永久性饮水器附近直到雏鸡发现新的水源。

（八）喂料器

喂料器放的位置与饮水器一样重要，饲料盘与饮水器交替放

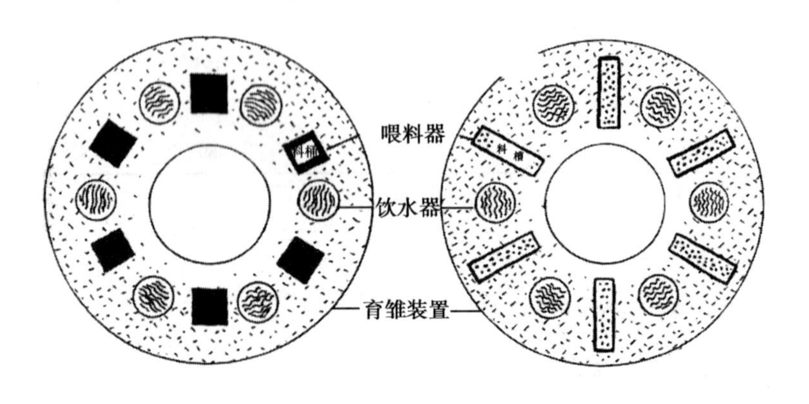

图8－4　饲料盘与饮水器交替放置示意图

置（图8－4，图8－5），撒在料盘上的饲料很快被雏鸡发现，几天以后，应逐步地过渡到料桶，让雏鸡发现新的饲料源。在开始几天严密地观察，确认雏鸡发现和使用料桶或料槽，以避免雏鸡饿死。触摸位于头颈基部的嗉囊或观察到雏鸡正在吃料，就能确定已使用料桶的饲料。同时，确保雏鸡有足够的吃料空间（表8－6）。

图 8 –5　料槽与饮水器交替放置

表 8 –6　每羽雏鸡要求的喂料器空间

	1 ~2 周龄（cm）	2 ~6 周龄（cm）
山鸡	2. 50	5. 1

1 周龄内饲喂优质平衡的小鸡新鲜饲料，选择声誉好的饲料公司购买饲料。

（九）断喙

为避免啄羽和啄癖，雏鸡应保持非常低的光照强度。管理上的影响如拥挤、光照太亮、饲料或水缺乏，都将引起鸡啄癖。所有的鸡必须断喙。

在高温或其他应激操作如免疫或转群时不能断喙。利用商用断喙器进行适当的断喙，2 周龄时进行断喙。断喙时切除上喙 1/2和下喙 1/3，切好后烧灼伤口，并充分止血，这个操作不能着急，在断喙前后水中添加维生素添加剂，有助于减少应激。同时，还应在料槽中加满饲料，以利采食。

（十）采食量

应全面了解山鸡随日龄增长而变化的采食量，而当山鸡达到成年体重后，其采食量也趋于相对稳定。一般山鸡整个生长期（1～20周龄）共约消耗混合料6.5kg，种山鸡年消耗混合料为27kg左右（表8－7）。

表8－7　山鸡饲料需要量

周龄	体重（g）	每日料量（g）	每周料量（g）	累计料量（g）	周龄	体重（g）	每日料量（g）	每周料量（g）	累计料量（g）
1	34.4	5	35	35	11	722	56	392	2 156
2	55.7	9	63	98	12	798	63	441	2 597
3	87.9	13	91	189	13	874	68	476	3 073
4	134.7	17	119	308	14	925	70	490	3 563
5	185	21	147	455	15	977	73	511	4 074
6	260	25	175	630	16	1 025	72	504	4 575
7	246	31	217	847	17	1 069	71	497	5 075
8	445	37	259	1 106	18	1 111	71	497	5 572
9	541	44	308	1 414	19	1 152	70	490	6 062
10	636	50	350	1 764	20	1 191	70	490	6 552

（十一）雏鸡到达时检查项目

（1）在雏鸡放入育雏伞前24h开始启用育雏伞，检查所有的温度计确保准确。

（2）保护装置的位置距离育雏伞50cm。

（3）第一周在保护装置内的垫料上铺上一层粗糙的纸。

(4) 喂料器和饮水器交替放置，以便小鸡接近喂料器和饮水器。

(5) 开始几天，将一些饲料散布在料盘中，以足够吸引小鸡吃料。

(6) 在小鸡放置到育雏伞前约4h装满水盘。

(7) 舍温应从育雏伞产生的热量而提高，维持舍温在21～24℃，用悬挂温度计检查舍温，调节通风系统以保持舍温。

(8) 将小鸡立即放置育雏伞下，特别是它们在经过多时的运输时，在它们放置到育雏伞下以前仔细检查小鸡。在运输中许多弱的小鸡可能是冷应激或一些其他物理性问题造成的。

(9) 搬走所有雏鸡箱，包括盖子并处理掉。

(10) 消毒盆放在每个育雏舍的门口，并安排一双套鞋和工作服，仅在育雏舍内穿。

(11) 如果可能，仅安排一个饲养员照料雏鸡，不允许其他人在育雏舍内。

(12) 雏鸡放置几小时，检查每个育雏伞的弱雏或死雏。将弱雏放在专门护理的育雏伞，将死雏无害化处理。

(13) 保持对栏圈和育雏舍的死亡记录，这些资料对管理、卫生、疾病预防是有用的。

(十二) 确定育雏所需雏鸡的数量

由于各种原因，一定数量的雏鸡在育雏舍和育成圈栏内死亡。死亡记录能提供有用的资料。为补偿损失的数量需要确定多增加的数量，表8－8提供的值是不同水平育雏和育成的死亡而大约需要增加的雏鸡数量。

表 8－8　根据鸡的死亡率要求增加鸡数

育雏期死亡率	育成期死亡率										
	0	2%	4%	6%	8%	10%	12%	14%	16%	18%	20%
0	0	204	417	638	870	1 111	1 364	1 628	1 905	2 195	2 500
2%	204	412	630	855	1 092	1 338	1 596	1 865	2 148	2 444	2 755
4%	417	630	851	1 081	1 323	1 574	1 838	2 113	2 401	2 703	3 020
6%	638	855	1 081	1 317	1 564	1 820	2 089	2 370	2 665	2 973	3 298
8%	870	1 092	1 323	1 564	1 815	2 077	2 352	2 639	2 940	3 255	3 587
10%	1 111	1 338	1 574	1 820	2 077	2 346	2 627	2 920	3 228	3 550	3 889
12%	1 364	1 596	1 838	2 089	2 352	2 627	2 913	3 214	3 528	3 858	4 205
14%	1 628	1 865	2 113	1 270	2 639	2 920	3 214	3 521	3 843	4 180	4 535
16%	1 905	2 148	2 401	2 665	2 940	3 228	3 528	3 843	4 172	4 518	4 881
18%	2 195	2 444	2 703	2 973	3 255	3 550	3 858	4 180	4 518	4 872	5 244
20%	2 500	2 755	3 020	3 298	3 587	3 889	4 205	4 535	4 881	5 244	5 625

根据 10 000 只上市山鸡的结果

这些值是根据 10 000只鸡的销售，通过向左移动小数点 1 和 2 位，这个值分别为 1 000和 100 的上市鸡数。例如：育雏期死亡率 2% 和育成期死亡率 2%，满足 10 000只上市鸡则需 412 只外加的雏鸡，1 000上市鸡需 41 只外加的雏鸡或 100 只上市场需要 4 只外加的雏鸡。

（十三）育雏期死亡分析

大多数高死亡率的发生由于管理差造成的，如引起应激，机械性损伤或疾病，与早期死亡有关的最常见管理因素如下。

（1）温度应激：小鸡运输和在育雏舍受冷，通常受冷似乎比过热更容易发生，因为小鸡能走到远离热源的地方。失控的开关也可引起小鸡过热。

（2）脱水：小鸡在运输或在育雏舍开始几天，如果不能找到饮水器或饮水器供给不足，可引起脱水。

（3）饥饿：饥饿有几种原因，包括没有寻找食物的能力，吃了垫料（嗉囊阻塞），过分拥挤，饮水不足，过热和不适合的日粮。

（4）疾病问题：某些疾病状况经常是与育雏相关的，详情如下：

①雏鸡肺炎，由烟曲霉孢子吸入引起的烟曲霉，发现在污染的出雏箱，不干净的育雏舍，某些不卫生的垫料和饲料。

②脐炎，与脐不适当的闭合，导致细菌感染而发炎，这个状况可能是由出雏箱或孵化厂没有消毒好引起的。

③副伤害（沙门氏杆菌），山鸡的肠梗阻疾病。由许多途径包括污染的孵化箱、出雏箱、雏鸡盒、育雏舍围栏和饲料传播。

（5）粗心：有些事情是可以避免，例如：落下的设备；踩上小鸡；在保护装置下逃跑的小鸡；不适当地放置喂料器引起小鸡扎堆和窒息；网罩移动后没有弄圆育雏舍角落；在睡觉时，使小鸡拥挤在角落里（封住角落，并将聚光灯 7.5W 挂在育雏伞上有助于缓解这个问题）。

死亡率记录表应该放在每个圈栏的门上或附近，由于事故或设备问题引起的死亡应注明，并立即处理这些问题。某些圈栏比其他圈栏更容易发病，保持精确的记录有利于找到发病的原因，以便正确管理从而防止死亡。育雏死亡水平达到 4% ~5% 通常是由管理不善引起的，应引起管理者的重视。

第九章　山鸡育成期饲养管理

一、饲养方式

目前，最常用的饲养方式有立体笼养法（图9－1）、网舍饲养法（图9－2）和散养法（图9－3）3种。

图9－1　育成期笼养

（一）立体笼饲养法

以生产商品肉用山鸡为目的进行大批量饲养时，采用此法可获得较好的效果。应随着雏山鸡日龄的不断增大，结合平时的脱温、免疫、断喙、转群等工作，逐步疏散笼内密度，使每平方米

图 9－2　育成期地面饲养

图 9－3　散养

的山鸡数由脱温时的 20～25 只降低至后期的 2～3 只，同时还应降低光照以减少啄癖。

（二）网舍饲养法

这一方法为育成期山鸡提供了较大的运动空间，可有效增加商品山鸡的野味特征、提高种用后备山鸡的运动量和种山鸡的繁殖性能。但应注意在育雏后期脱温后刚转到网舍的山鸡，由于环境的突变易造成应激而产生撞死或撞伤，最好的控制方法是在转群时将主翼羽每隔2根剪掉3根即可；另外，还应在网舍内或运动场上设置沙池，供山鸡自由采食和沙浴。

（三）散养法

根据山鸡喜集群、喜觅食、杂食等生理特点，可充分利用特有的荒坡、林地、丘陵等自然资源，在建立完备的围网后对经过剪羽或断翅处理的山鸡进行散养。山鸡剪羽方法与网舍饲养法相同；断翅则应在雏山鸡出壳后立即用断喙器切去左或右侧翅膀的最后一个关节即可。在外界温度达到17～18℃时，山鸡脱温后即可散养；如外界温度偏低，则应在山鸡60日龄后进行。密度一般为每平方米1只。这种饲养方式，管理省力、环境好、运动强，既有人工饲料，又有天然食物，利于快速生长，还具有较强的野味特征。当小鸡从育雏舍移到外面圈栏时，育成期开始，在育雏舍内最后的一周期间，让小鸡适当地适应外面的温度，并接近新环境的喂料器和饮水器，有利于减小从育雏舍移到育成圈栏中的应激。

为每只鸡准备足够的料槽空间（表9－1），不适当的空间将引起在上市日龄出现大小不一致的鸡。

表9－1　育成期地面、喂料器和饮水器的要求

种类	占地面积（m^2/只）	喂料器空间（cm/只）（料线）	饮水器空间（cm/只）（水线）
山鸡	0.9～1.1	10.2	2.5

二、育成期饲养

（一）饲料

在山鸡育成阶段，日粮中的蛋白质含量应随日龄的增大而逐步降低，在育成前期可由育雏期的25% ~27%减少至21%左右；而在育成后期，其日粮中的蛋白质含量可降至16% ~17%的最低限度，但能量水平应维持在12.45 ~12.55MJ/kg。此时饲料中可适量降低动物性蛋白饲料的比例，增加青饲料和糠、麸类饲料；育成期饲料不宜碾得过细，以免降低采食量，但应注意适口性。

（二）饲喂

一般采用干喂法，育成前期每天喂5次、每次间隔3h或每天喂4次、每次间隔4h；育成后期可从每天喂4次逐步减少至每天喂2次，饲喂量以第二天早晨喂料时料槽内饲料正好吃完为佳。

食槽和饮水器要求设置充足，一般每100只山鸡应设置2.5L容量的料桶和4L容积的饮水器各4 ~6只；商品山鸡应在出栏前2周停喂鱼粉。

三、生长速度和饲料消耗

（一）生长和饲料消耗

每个鸡场管理者应该确定山鸡正常的生长模式，以便能查明生长的变化并调查其原因。为了达到这个目的，在育成期对同性别每周抽样称重。为了确定每周的饲料转化，每周获得体重增长的饲料消耗，这也是一个提高饲料效率的好措施。

图9－4：左侧纵坐标为山鸡公母混合的平均体重（AW），实线为山鸡体重增长曲线，右侧纵坐标为每周累计饲料转化率（FC），虚线为山鸡饲料转化率变化曲线。山鸡在17周龄达到大约总体重的90%。这个周龄以后，饲料效率明显下降，生长曲线的拐点表现出最佳的上市日龄。

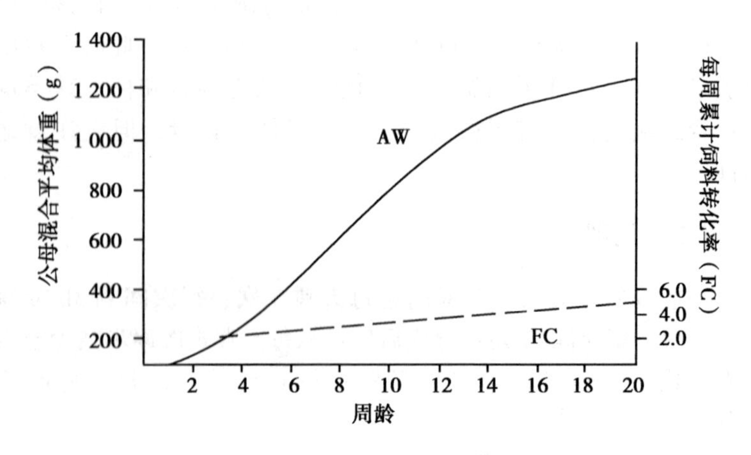

图9－4　山鸡的平均体重和每周的累计饲料转化率

表9－2给出了山鸡从出雏到20周龄每周生长速度和饲料消耗，这个值是基于最小饲料损耗的饲料消耗值，20周龄以后，环颈雉雌雄混合山鸡维持需要每日饲料消耗71.0g。表9－2提供的值对杂交品种或体重选育的这些品系没有代表性。

表9－2　山鸡生长速度和饲料消耗

周龄	累计体重（g）	累计饲料消耗（g）
1	41	59

（续表）

周龄	累计体重（g）	累计饲料消耗（g）
2	82	154
3	136	286
4	195	449
5	263	612
6	349	862
7	435	1 157
8	522	1 451
9	590	1 746
10	658	2 087
11	771	2 517
12	839	2 948
13	916	3 379
14	998	3 856
15	1 061	4 309
16	1 098	4 808
17	1 111	5 307
18	1 134	5 806
19	1 152	6 305
20	1 179	6 804

（二）影响山鸡生长的因素

影响山鸡生长的因素包括以下几个方面：极端温度，不良的营养，疾病和外寄生虫，不同日龄、性别和种类混合饲养，不良的遗传群体，不适当的空间，不适当的地面荫蔽物，过分拥挤，不良的通风。

饲喂蛋白质含量低（15%）的育成日粮对从出雏到20周龄的环颈雉的生长速度有不利影响，给山鸡饲喂含有24%～28%的粗蛋白的育雏日粮生长最好。研究表明：环颈雉间歇光照可增加约10%以上的体重（从4～8周龄），比采用常规刺激光照方案每羽鸡减少饲料消耗约30%。

四、育成期管理

（一）控制体重与光照、强化卫生防疫

（1）育成后期的山鸡最容易肥胖，因此，这一阶段应采用限制饲喂法（称为控料）。通过减少饲料中蛋白质和能量水平以及饲喂次数、增加运动量，同时经常进行随机称重，来控制山鸡体重。

（2）后备种鸡应按照种鸡的要求来调节光照时间。商品山鸡则应在夜间适当增加光照以促进山鸡采食，提高生长速度。

（3）山鸡舍应每天打扫，水槽、料槽要定期清洗、消毒，垫草应清洁、干燥不发霉，并经暴晒或消毒，病、弱山鸡要及时隔离饲养。

（4）按照计划进行免疫接种、药物驱虫和预防性用药，防止各类疾病的发生。

（二）断喙和剪羽

（1）许多原因可使山鸡易发啄羽、啄肛等恶癖，造成山鸡死亡。传统的控制方法主要有断喙、降低密度、饲料中添加羽毛粉、食盐、维生素等物质，能取得较好的效果。

采用给山鸡佩戴眼罩的方法，由于眼罩遮住了山鸡正前方的视线，导致山鸡无法准确攻击目标，这样也就减少了山鸡打斗的

现象，而这个眼罩对于山鸡采食、饮水等均无影响，并且还可提高山鸡的饲养密度。

(2) 随着山鸡日龄的增长和飞跃能力的提高，山鸡撞死的现象也逐渐增多，而采用剪羽的方法是控制撞死的有效手段。具体方法是在山鸡 7 ~ 8 周龄时，将主翼羽每隔 2 根剪去 3 根。也可采用在雏山鸡进入育雏舍前断一侧翅关节的方法，可有效控制撞死现象。除此之外，保持环境安静也是一个重要环节。

第十章　种鸡饲养管理

优质的食用山鸡是适当育种和管理的产品，纯种的种鸡应采用单笼饲养，或单独配对的围栏以便测定公母山鸡的生产性能，在金属网或围栏中小群配种的纯种鸡群进行较小强度的选择，大群配种不需要纯种的选育，但可采用某些选择改进某些生产性状。

一、种鸡选择方案

应在春季从最早出雏的鸡群中选择有潜力种鸡群，确保在下一年给予光照刺激时，使它们长大后有足够的性反应。

当青年鸡从育雏舍转到育成舍时进行第一次选择，如果可能，公母分开，发现山鸡的生理缺陷，如脚趾弯曲，喙、颈或龙骨或任何肢畸形，这样的山鸡不能利用，选择数量应是所需山鸡的 2 倍。

在 18 周龄，当成年羽毛长好后进行第二次选择，羽毛长得慢的鸡和羽毛颜色或标记不一致的纯种或杂合的应挑出，在以后发育过程中，生理缺陷的鸡都应挑出。

种山鸡的最后一次选择是在开产前一个月，假如鸡群有系谱，最后一次选择主要是生理表现、羽色和一致性，或某些生产性状。

二、繁殖准备期饲养管理

繁殖准备期是指青年种山鸡从山鸡育成期结束至开产的这一段时间。

（一）饲养

当后备种山鸡达到性成熟即进入繁殖准备期，种山鸡的性腺开始发育。为了使种山鸡能尽快达到繁殖体况，促进性成熟和产蛋，这一时期的饲料必须是全价饲料，而且日粮中的蛋白质水平一般可提高到17%～18%，同时相应降低糠麸类饲料的比例，并适当添加多种维生素和微量元素等添加剂，以增强种山鸡体质。但应注意营养水平不可过多，此时仍应适当控制种山鸡的体重，避免体重过大、体质肥胖而造成难产、脱肛或产蛋期高峰变短、产蛋量减少等现象。

（二）环境条件

进入繁殖准备期的种山鸡，其环境适应能力较强，对周围环境的温度要求不高，对光照也没有严格的要求，密度以0.8m^2/只种山鸡即可。但环境的湿度不宜过大，鸡舍内应经常保持干燥，运动场等应铺设一层细沙。

（三）鸡群的准备

（1）后备期和休产期的种山鸡应公母分群饲养。

（2）选留体质健壮、发育整齐的种山鸡作为繁殖群，将多余的优秀公鸡作为后备种公鸡单独组群饲养，以随时替换繁殖群的淘汰种公鸡，将不具备种用条件的公母山鸡单独组成淘汰群，经育肥后作商品鸡出售。

(3) 选留的繁殖群母鸡应进行修喙，繁殖群公鸡和后备种公鸡应剪趾，同时还应做好相应的驱虫和免疫工作。

(4) 母山鸡开产前15天左右进行公母合群，合群时一般以公母比例1：(4~6) 组成适宜的繁殖群体；大群配种的繁殖群体一般以不超过100只为宜，小间配种则以1只公鸡与适量的母鸡组成一个小型的繁殖群。

(5) 合群时，小间配种的公鸡应做好精液品质的检查，同时选择优秀家系的母鸡配种。大群配种时则应挑选体重中等或偏上的公母鸡，最大体重不应超过平均体重的10%。

(6) 产蛋期采用笼养，对产蛋鸡舍采用清洁消毒后，山鸡在18周龄从育成舍转群到产蛋鸡舍，公鸡和母鸡均采用单笼饲养为宜，采用人工授精技术，一般在产蛋率达50%时开始做人工授精。也可以采用每笼1公6母的饲养，进行自然交配繁殖，应在产蛋前2周进行转群进笼。对于公鸡，应另外饲养备用公鸡。笼养一般采用三层阶梯式或层叠式饲养设备，主要便于人工授精操作。

三、繁殖期饲养管理

(一) 饲养

山鸡在繁殖期由于产蛋、配种等原因，需要较高的蛋白质水平（21%~22%），并应注意补充维生素和微量元素。

配制日粮时，应充分考虑产蛋期山鸡的营养需要，特别是笼养山鸡对营养的需要要求更高，由于母山鸡对钙质的需要量高，应提高日粮中矿物质的含量。

当气温达到30℃以上时，会引起山鸡食欲下降，则应在适当降低日粮能量水平的同时，将蛋白质水平提高到23%~24%，

以保证种山鸡的蛋白质需求。

繁殖期的饲喂次数应满足山鸡交配、产蛋等的要求。山鸡一般在上午 9 时至下午 3 时之间是产蛋时间，而日落前 2h 是山鸡采食最活跃的时期。因此，在国外建议在下午 3 时一次给料即可，而国内的饲养则比较细致，一般采用上午 9 时前和下午 3 时后喂料 2 次。气候炎热时，还可适当提前和延后，以增加采食量。

在采用定时饲喂的情况下，饲喂湿粉料比干粉料的采食速度要快许多，但应注意饲喂量，确保一次吃完，以防腐败，并应注意供给充足的清洁饮水。

笼养时，使用全价颗粒饲料，料槽中保持一定的饲料，确保山鸡在晚上关灯前能吃到饲料，公鸡应在人工授精前将料槽中饲料吃完，以防止采精时有大量的粪便排泄。

（二）环境条件

繁殖期山鸡舍内的温度以 22～27℃ 为最佳，最高不宜超过 30℃，否则会影响种山鸡的产蛋、受精。因此，夏季应采用各种防暑降温的方法控制环境温度，如风机、湿帘、喷淋等，并保持舍内干燥。

产蛋期山鸡每天的光照时间为 16h，地面平养时产蛋箱应安放在光线较暗的地方，且每羽种鸡平均占有不低于 0.8m^2 的活动面积（含运动场），并适当降低密度。

地面平养时，每只山鸡应占有 4～6cm 长的料槽，每 100 只山鸡配备 4～6 只 4L 饮水器，以免采食、饮水时拥挤，饮水器、料槽摆放的位置要分散而固定，确保所有的山鸡都有采食、饮水的机会，每天清理 2 次山鸡料槽内的剩料，料槽、饮水器定期清洗、消毒（每周不少于 2 次），适当进行带鸡消毒。

立体笼养时，应及时整修笼具，顶部可加装防撞网，注意喂料均匀度，山鸡饮水时确保乳头式饮水器正常出水，经常匀料，并应对每只种山鸡的生产情况认真做好记录。

山鸡对外部环境的变化非常敏感，各种不良刺激都可能引起山鸡的惊吓，因此，饲养过程中应注意生产流程的“三定”（定时、定人、定程序），避免陌生人进入生产区。生产人员应着统一服装，在生产过程中应以少干扰鸡群为原则，尽量避免不必要的捕捉山鸡，同时还应注意紧闭圈门，防止其他动物进入鸡舍或舍内山鸡外逃。

每天应注意观察山鸡的精神状态以及采食、粪便和行为状况，发现问题，及时上报处理。

（三）繁殖期管理

1. 确立王子鸡

地面平养，公母山鸡合群后，公山鸡之间会经过一个激烈争偶斗架的过程，俗称拔王。一般经过几轮争斗、确立王子鸡后，鸡群便安定下来，因此在拔王过程中，最好人为帮助王子鸡确立优势地位，以使拔王过程早完成、早稳群。

2. 创造安静的产蛋环境

繁殖期种山鸡对外界环境非常敏感，一旦有异常变化，就会躁动不安。因此，饲养人员应穿着统一的工作服，喂料和拣蛋动作要轻、稳，产蛋舍周围谢绝外来人员参观并禁止各种施工和车辆出入，更要防止犬、猫等动物在鸡舍外的走动，同时还应保持鸡群的相对稳定，尽量避免抓鸡、调群和防疫等工作。

3. 及时集蛋，减少恶癖

地面平养时，一般每4～6只母山鸡配备一个产蛋箱，产蛋高峰时每隔1～2h拣蛋一次，天气炎热时增加拣蛋次数，为防止产生恶癖，可对发生啄癖的山鸡采取戴眼罩、放假蛋等预防措施，也可对整群种山鸡每隔4周修喙一次，对破损蛋则应及时将

蛋壳和内容物清除干净，以免养成食蛋恶癖。

4. 防暑降温，防寒保暖

气候炎热时，可采取搭棚、种树、喷水等措施来降低环境温度，并可在饲料中适当添加维生素C，以抵抗热应激，并保证长期供应充足的清洁饮水，当外界温度低于5℃时，应采取加温措施，以减少低温对山鸡产蛋的影响。

平时要加强日常的清洁卫生，及时清除粪便，清洗料槽和饮水器，并用高锰酸钾消毒，注意圈舍干燥，雨后及时排出积水，防止疾病发生，每2周对鸡舍和运动场及产蛋箱等进行一次消毒。

5. 规模化养殖，人工控制饲养环境

规模化山鸡场大多采用笼养设备（图10－1、图10－2），鸡舍内进行人工控制饲养环境，包括温度、湿度、光照和通风等，使种山鸡的产蛋周期与在自然条件下发生很大的变化，改变了原来的产蛋规律，目前，有的山鸡场只饲养一个生产周期，在52～56周龄就直接淘汰以提高生产效率。饲喂方式可采用自动化喂料系统和乳头式饮水器。每周开展带鸡消毒，采用笼养对鸡群便于统计管理。

图10－1　产蛋期阶梯式笼养

图 10－2 种鸡层叠式笼养

四、休产期饲养管理

休产期是指种山鸡完成一个产蛋期后休息、调理的时期，包括换羽期、越冬期和繁殖准备期。换羽期一般是指 8～9 月，越冬期一般是指 10 月至翌年 2 月。

目前，大多数商品山鸡场为追求山鸡养殖的效益最大化，在种山鸡往往完成一个产蛋期后即将其淘汰，此时的种山鸡饲养期分为后备期和繁殖期，而缺失了休产期。

（一）休产期的饲养

这一阶段的种山鸡对营养需要量最低，饲养时在保证种山鸡健康的前提下，应尽量降低饲料成本。此时的日粮应执行换羽期的标准，以能量饲料为主，可占 50%～60%，适当配合蛋白质和青绿饲料，蛋白质水平应控制在 17%，但应在饲料中添加 1% 的生石膏粉或 1%～2% 的羽毛粉，以促进羽毛的再生。

完成换羽后的种山鸡具备较强的抗寒能力，顺利进入越冬期，此时期日粮中的能量水平可进一步提高到12.5MJ/kg，同时将蛋白质水平降低至15%左右，并以植物性蛋白质饲料为主，以进一步降低饲养成本。

休产期山鸡的饲料品种应因地制宜，但应最大限度地确保品种的多样化。

休产期山鸡每日以饲喂2次为宜，分别于上午9时和下午3时各饲喂1次，每天饲喂量为72～80g，其中可适当饲喂部分玉米颗粒，以延长消化时间。

（二）环境条件

休产期山鸡对外部环境的要求与繁殖准备期山鸡基本相同。

（三）休产期管理

种山鸡完成一个产蛋期后开始换羽，进入休产期。一般情况下，此时的种鸡群将及时淘汰，但对部分具有育种价值或在特殊情况下仍需留作种用的山鸡，此时除应对饲料作适当调整外，还应及时调整鸡群，淘汰病弱山鸡以及繁殖性能下降或超过种用年限的山鸡，选留的种山鸡应公母分群饲养，及时修喙，做好驱虫、免疫接种等保健工作。

鸡舍应进行彻底的清洗消毒，并做好相应的防寒保温工作，保持山鸡鸡舍的通风、干燥和适度的光照。

山鸡的使用年限一般种公山鸡可用一年，种母山鸡可用2年，必要时可适当延长，但生产性能将明显下降。

五、面积要求

根据种鸡饲养和配种方式调整面积要求，表10－1提供的面积要求仅供参考。

表 10－1　推荐山鸡的面积

种类	鸡笼（cm^2/只）	地面和网上平养（m^2/只）	牧区圈栏（m^2/只）
山鸡	929～1 400	0.55～0.75	2.3～2.8

六、种鸡舍

每种鸡舍有优点，也有不足，位置、材料成本、气候和种鸡都是选择种鸡设备设施应考虑的因素。

山鸡繁殖最好在牧区圈栏中，但在地面或金属网圈栏的环境中容易管理，种山鸡饲养在笼中是可行的，进行人工授精已不是一个问题。

（一）牧区圈栏管理

在大多数牧场中，普遍都是采用管理大量无系谱种鸡的方法。育成圈栏能用作种鸡圈栏，但种鸡圈栏要与青年鸡的育成圈栏分开。

隐蔽处对于种鸡是重要的，可提供母鸡避免攻击性的公鸡或母鸡。隐蔽处也可布置在产蛋箱的区域。

当山鸡配种时，在春季生长的植物可以作为山鸡的隐蔽处，管理者可种植谷类作物以提供一些临时性掩蔽物和种鸡群的食物。

应为种母鸡群提供隐蔽处，金属板钉住圆木或用金属覆盖木头构造的隐蔽处能提供一些保护。金属应涂白色以反射太阳的光线，使得在金属顶下面的地方较凉。

在牧区圈栏中，提供种鸡产蛋箱，产蛋期间保持蛋比较干净，产蛋箱可以保护母鸡避免其他鸡的攻击，或被啄食暴露的输卵管。

根据经验，每 4 ~ 6 只母鸡提供 1 个 929cm^2 的产蛋箱，当鸡开始交配时，把产蛋箱放在圈栏的周边。在产蛋箱底部放置5 ~ 7.5cm 的垫料，通常为稻草，并根据需要更换或增加垫料。

把人工蛋放在产蛋箱中吸引母鸡到产蛋箱产蛋，在极冷或极热期间，集蛋每天至少 4 次。当集蛋时，将清洁蛋与污蛋分开，取走所有圈栏中碎蛋和裂缝蛋，和死鸡一样进行废弃物的无害化处理。

种鸡可利用与育成圈栏中使用的相同类型的喂料器和饮水器，喂料器必须遮顶以避免下雨，防止饲料淋湿和霉变。每天检查所有饲料是否污染，把喂料器放在 15cm 高的地方，周期性地搬动喂料器以阻止害虫在喂料器下面筑巢。

把水管铺在地下足够深，以防止冰冻的危害，在地面上的管子和水龙头也必须避免冰冻。在冰冻期间，当水供应出现故障时，及时为鸡提供补充水。

（二）鸡舍地面管理

地面管理鸡群比在牧区需要较少的地面面积，因为配种群较小，在地面圈栏中配种时遇到较少的应激，用作种鸡的饮水器和喂料器与育成鸡的一样，将可移动的喂料器和饮水器放在有隔板的架子上，使鸡在吃料和饮水区域的外面保持垫料，在有些鸡场，饲料漏斗安装在墙上，紧靠着过道，可从过道就可装满饲料而不干扰鸡群。

种鸡舍必须适当的通风，空气进入舍内（正压），或从舍内排出（负压）。如果种鸡舍分成几个房间，每个房间必须有分开的通风系统。大多数的鸡场采用负压通风系统，可创造稍微的真空状态，新鲜空气从位于排风扇对面墙上的通风孔进入舍内。根据经验，在鸡舍内排出热量和灰尘，每平方鸡舍面积以鸡0.45kg活重提供0.03m^3/min新鲜空气。

山鸡舍风速为0.15m^3/min，应保持空气凉爽、舒适和种鸡的健康，表10－2推荐了根据外界环境温度影响鸡的风速。

表10－2　推荐的空气流量

空气温度		每分钟空气流量（m^3/kg体重）
℉	℃	
40	4.5	0.014
60	15.6	0.020
80	26.7	0.027
100	37.8	0.034
110	43.4	0.037

摘自North（1984）

地面产蛋箱有助于保持鸡蛋清洁并使蛋收集更加容易，每4～6只鸡提供一个929cm^2的产蛋箱面积，沿着舍内的墙壁放置，那里的光照强度较弱，山鸡喜欢在较暗的地区产蛋。

每个房间不能少于2只灯泡，以保持对山鸡的刺激，使用一个可以每小时调节设置的时间钟，便于每天编制不同的光照程序，调光器开关连接在时钟上以便容易调节光照强度。

（三）鸡笼管理

鸡笼系统比其他地面或牧区系统更昂贵。

1．优点

（1）鸡在笼子中比在地面或牧区圈栏中产更多的蛋。

（2）每个鸡需要更少的面积，应激减少。

（3）消除了污蛋和蛋被吃掉的问题，然而，在笼子中比在地面上有更多的破碎蛋发生。

（4）鸡的个体生产性能容易测定和容易采取措施。

（5）通常在地面和牧区管理中的某些疾病问题减少了，如：球虫病和体内寄生虫的问题。

（6）山鸡笼养管理有某些优势，最显著的是进行人工授精。

2. 缺点

（1）鸡笼易出现臭气和飞翔问题。

（2）鸡笼使鸡的羽毛磨损、破碎。

（3）鸡要求更一致的温度，这是因为鸡被限制在一个小的区域。

（4）经常清粪需要控制鸡的扑飞。

要对个体生产性能记录并要求选择某些繁殖性状时，种山鸡放置在特殊的个体笼中。上海红艳山鸡孵化专业合作社开发了层叠式笼养设备，种鸡采用3层单笼饲养，自动喂料和清粪带自动清粪，笼具顶部不需要加装防撞网，有利于人工授精和个体生产性能测定，生产水平和劳动效率有了很大的提高（图10－2）。

（四）种鸡营养

在冬季种鸡饲喂营养平衡的日粮，以控制体脂和调节鸡有利于繁殖的季节，开产前1个月更换为16%～20%的种鸡日粮，自由地饲喂砂砾和贝壳粉。

（五）卫生和疾病控制

大多数的疾病问题是由不良的管理引起的，在种鸡群中卫生防疫制度应严格实施，以降低疾病的风险，下列为卫生和疾病控制建议。

（1）培训所有牧场人员关于卫生的重要性。

（2）限制所有参观者进入种鸡栏舍。

（3）所有种鸡监测白痢和霉形体病。

（4）保持所有喂料器和饮水器干净，不能有水藻和霉菌。

（5）控制种鸡舍或圈栏内和周围的害虫。

（6）经常清除鸡笼或网圈中的粪便，破坏害虫的生活周期，控制苍蝇的数量。

（7）种鸡群采用单鸡单笼饲养。

（8）不要将个别公鸡增加到种鸡群中，而应同时增加几只公鸡。

（9）立即清除所有死鸡、病鸡，或受伤的鸡，病鸡或受伤的鸡应放置到隔离栏中，死鸡应进行无害化处理。

（10）不能将其他鸡场鸡群引进到自己的牧场中，改进你的鸡群没有疾病的安全方法是封闭鸡群。

七、提高山鸡繁殖率的措施

由于山鸡驯化时间较短，其繁殖率的高低与饲养者的日常管理有着密切的关系。影响山鸡繁殖率的因素很多，包括产蛋量、种蛋合格率、种蛋受精率、孵化率等。因此，在饲养管理中必须针对这些因素，采取切实可行的综合措施，才能提高山鸡的繁殖力。

（一）提高山鸡产蛋量的综合措施

野生状态下，山鸡的年产蛋量很低，仅为 20 ~ 30 个。随着驯养技术的不断提高，山鸡产蛋量得到显著提高。目前，美国七彩山鸡的年产蛋量可达 100 个以上。这些措施包括：

1. 严格选种选配，培育高产种山鸡

种山鸡在选种时，采用科学的选择方法，确定育种群，在选配时，个体选配优于群体选配，配种时，既可采用小群配种的方法培育高产的山鸡种群，也可采用人工授精的方法，充分发挥优良种山鸡的遗传效应，快速扩大高产种山鸡群，也可采用导入杂交的方式，提高本地山鸡的产蛋量。

2. 加强种鸡营养

在南方较温暖地区，可采用提前投喂繁殖准备期日粮、增加日粮中的各类营养物质和逐渐增加光照等措施，可使种山鸡群提前开产。

3. 减少产蛋母鸡的死亡率

由于山鸡的驯化程度较低，野性较强，经常会发生惊飞撞死撞伤现象，此时应将种山鸡网舍的外网用尼龙网代替金属网，同时降低网舍高度，并尽可能降低产生惊飞的各种应激因素，如发现种鸡群中母山鸡背羽有大量踩落或踩伤现象时，应适当减少群体中的公山鸡数，经常对种山鸡进行修喙，减少啄肛现象的发生，公鸡合群应断去后趾和内趾的爪尖，严格按照程序做好各项保健工作，避免疾病发生。

（二）提高种蛋合格率的综合措施

1. 强化育种，严格种蛋选择标准

现场判定种蛋是否合格，可通过蛋形、蛋重、蛋色以及破损、污损等指标来确定。在这些指标中，前 3 项受遗传因素的影响较大，因此，通过加强山鸡的选种选育，提高对种山鸡种蛋的选择标准，可使优良的种蛋性状保存下来。

2. 合理搭配饲料，满足营养需要

因地制宜地选用多种不同类型和特点的饲料，按照种山鸡产蛋期的营养标准，精心设计饲料配方，合理配置日粮，确保各种营养物质能够满足产蛋种山鸡的营养需要。

3. 改善饲养环境，减少种蛋的破损和污染

地面平养时，应在种山鸡舍内阴暗处，按每4～6只母鸡设置一个产蛋箱，并逐步驯化母山鸡养成入箱产蛋的习惯，同时还应在运动场内铺垫大约5cm厚的砂砾，并及时清除种山鸡舍内和运动场的粪便，保持清洁干燥。

4. 采用多种措施，防止种鸡产软皮蛋、沙皮蛋等畸形蛋

（1）饲料要营养全面，搭配合理。

（2）及时补充维生素D。

（3）定期预防用药，确保种鸡健康。

（4）高温期间应注意通风、遮阴等降温工作，并可在饲料中添加维生素C，防止种鸡热应激。

5. 加强日常管理，控制种鸡啄蛋

（1）及时断喙、修喙。

（2）勤集蛋，特别是对产在运动场内的种蛋，要增加拣蛋次数。

（3）给种鸡戴眼罩，防止啄蛋癖。此类眼罩一般由塑料制成，方法是将眼罩架于种鸡喙的上方，用一根尼龙制成的别针穿过种鸡鼻孔，将眼罩固定在喙上即可。

（4）降低密度，种山鸡饲养密度为1～1.2只/m^2时，可显著减少种山鸡啄蛋、啄肛等恶癖。

（三）提高种蛋受精率的综合措施

1. 公母合群时间要适宜

一般情况下，公鸡性成熟要比母鸡早2～3周。因此，若公、母山鸡合群过早，母鸡此时尚未发情排卵，公鸡强烈的追抓，会造成母鸡惧怕公鸡而不愿接受交配，若公、母山鸡合群过晚，种鸡群王子鸡的争夺会使鸡群在一段时间内很不稳定，而且剧烈的

争斗会造成公鸡体力的大量消耗而影响交配。公母种鸡最适宜的合群时间是在母鸡开产前一周左右。

2. 公母比例要适宜

实践证明，地面平养时，种山鸡的公母比例以1：（5～6）为最佳。若公鸡比例过高，公鸡间的争斗会造成山鸡群的不稳定，而公鸡比例过低，则易造成漏配。

3. 保护王子鸡和设立屏障

山鸡公母合群后，群体内的公鸡会强烈争偶、斗架，形成群内的鸡王，只有尽快确立王子鸡，才能使鸡群趋于稳定。因此在种鸡群拔王时，应人为帮助较强壮的公鸡确定王子鸡地位，以便稳群。

4. 更换种公山鸡

种公山鸡在经过一段时间交配后，其繁殖能力可显著降低，此时应将整批新的后备种公山鸡来替代原来的种公山鸡，但应尽量避免个别更换种公山鸡，也可在种公母山鸡合群时适当提高公鸡比例，在配种过程中发现体弱或无配种能力的种公山鸡随时挑出，而不再补充，但必须能保证在配种末期时种鸡群公母比例仍达1：6左右。

5. 防暑、降温，减少应激

气候炎热季节，应在运动场设置遮阴网等设施或采用地面、屋顶喷水的方式降温，同时还应尽量避免人为因素造成各种应激。

6. 加强和改善种山鸡的饲养和营养

在种蛋受精率出现下降趋势时，可在饲料中加入适当的维生素E，并且适当提高日粮中的蛋白质水平，夏季高温时，可在饲料中适当添加维生素C。

八、鸡场山鸡生产的估计

（一）山鸡生产的估计

对于初学者，尽可能确定鸡场的规模，围栏的数量和规模，入孵的种蛋数量，小鸡的数量，出雏和孵化的能力，育雏舍的大小，通过利用平均生产估计进行准备。表 10－3 为假定设计每年销售 2 万只山鸡的估计值。

表 10－3 山鸡的生长和繁殖参数

项目		山鸡
平均产蛋量（种蛋数）		52
平均死亡率（%）	种鸡	10
	育雏期	10
	育成期	5
种鸡群（只）	母鸡	643
	公鸡	107
配种比例（公：母）		1：6
种蛋孵化率（%）		70
总计	种蛋入孵数（个）	33 415
	出雏（只）	23 391
死亡数	育雏期（只）	2 339
	育成期（只）	1 052
	总计（只）	3 391

(二) 饲料和水的消耗及粪便生产

每年山鸡约消耗23kg饲料、47L水，产生约32kg粪便。不管怎样，大多数山鸡在20周龄上市，则一只山鸡应生产大约9.5kg粪便。表10－4表示饲料和水消耗及粪便的生产。

表10－4　饲料和水消耗及粪便的生产

山鸡各阶段	饲料消耗 (kg)	水消耗 (L)	粪便生产 (kg)
成年（21～52周龄）	16.25	32.51	22.75
育成期（7～20周龄）	5.95	11.89	8.31
育雏期（1～6周龄）	0.86	1.73	1.26
总计	23.06	46.13	32.28

注：在21℃环境下；粪便生产统计采用总饲料消耗×1.4

第十一章　商品山鸡饲养管理

采用一阶段方式饲养商品山鸡，不但可以减少基建投资，而且还可降低饲养成本，节省劳动力，是目前在国内外被广泛应用的商品山鸡饲养方式。

一、鸡舍特点

一阶段饲养山鸡舍的主要特点是房舍与运动网室结合，使商品山鸡的整个生产周期均在同一舍内进行，既可做育雏舍，又可做中雏舍及大雏舍，一舍多用，避免了移舍转群带来的应激。但由于南北方的气候不同，在实际生产中应灵活运用。如北方地区的春季时间较长，且经常有寒流，因此山鸡舍应采用砖瓦结构，以利保温。而在南方气候较温暖的地区，山鸡的房舍可改为构造简单、造价低廉的大棚。这类大棚一般高 3m，底宽 4 ~ 5m，由金属管架弯成弓形做大棚骨架，外面用化纤防雨苫布遮盖，外形极似栽培蔬菜的塑料大棚，但大棚内要求能通自来水和电源或煤气（燃气育雏伞用）。大棚地面可由混凝土筑成，在大棚与运动网室相连的一侧棚壁下方设 0.5m 高、可以向上卷起的材料，以便山鸡自由出入。

二、设施设备

在大规模进行商品山鸡生产时，为提高生产效率，可采用自

动给水给料设备。自动饮水设备一般采用真空塔式自动饮水器，而自动喂料设备最好能使用螺旋式喂料系统。

螺旋式喂料系统是由输料管、推送螺旋和驱动器、控制开关等部分组成。驱动器装在料塔底部，利用螺旋杆直接与输料管中的弹簧相接。输料管每隔一定距离装有一个料盘，在末端的一个料盘内装有控制开关，工作时，驱动器使螺旋弹簧在输料管内转动，将料塔中的饲料推送到各料盘中，当输料管上最末端装有控制开关的料盘装满时，控制开关即自动断电，使驱动器停止运转。待山鸡群将盘中饲料吃去一定数量后，控制开关又能自动接通电路，启动驱动器，使料盘重新装满。另外，在输料管上还装有一些悬吊索，利用吊索和手摇绞车可将整个喂料系统吊挂在鸡舍内的梁架上，转动手摇绞车，即可调节料盘距离地面的高度，以适应不同日龄山鸡群的采食要求，或者是在舍内山鸡全部出栏后便于清扫地面。

三、饲养管理

（一）雏山鸡的饲养管理

商品山鸡各饲养阶段所采用肉用山鸡的饲养标准及饲料配方。

育雏一般采用地面育雏，由育雏伞供温。由于2周龄前的雏山鸡体型较小，喂料时应采用雏鸡料盘或料槽，每天喂6次，每次料量不宜过多，以免造成污染和浪费。饮水器也应使用小型真空塔式饮水器。2周龄后的雏山鸡体型变大，活动和采食能力有了明显增强，此时如采用人工给水给料，可选择稍大的塔式饮水器和吊塔式料桶，以节省一定的劳力。若采用自动给水给料设备，可进一步提高生产效率，每人最高能管理1.5万~2万只商品山鸡，但需投入较大的资金。

由于商品山鸡多为地面平养育雏，且雏山鸡的体温自我调节能力较差，如果育雏伞下为平坦的铺垫物，则雏山鸡易聚集而造成压死。因此，育雏初期必须要安排值班人员，尤其夜间要经常观察和做驱散处理。同时，在育雏伞周围应使用60cm高的保护装置围栏或围网围住，初期围网与伞外缘的距离为50cm即可，随着日龄的增加，逐渐扩展围栏，最终撤去。

（二）中大雏的饲养管理

当雏山鸡3～4周龄后，逐渐脱离供温，方法是选择天气晴暖之时，将山鸡舍靠运动网室一边的舍壁从下向上卷起0.5m，使雏山鸡自由出入。但起初雏山鸡很小，常因运动场太大而往往不能返回鸡舍，此时应把距房舍5m处的“悬网”放下，随着日龄的增加，逐渐卷起近处“悬网”，放下远处“悬网”，以隔离出不同面积的运动场。

山鸡比较耐寒，到了大雏期，除采食和饮水外，已不太到房舍去，此时的运动场是相当重要的。出栏时，把悬网放下，隔出许多小空间，再行捕捉。这样做比起整个运动场相通时捕捉要方便，同时也由于网舍低矮，减少了撞死现象。

第十二章　山鸡的配种

一、参配日龄与公母比例

（一）参配日龄

种山鸡参加配种的日龄因生产需要而定。一般情况下，在地面平养时，母鸡在开产前2周与种公鸡合群配种；笼养时，产蛋率达到50%时，开始对公鸡进行调教和人工采精，母山鸡产蛋量以第一个产蛋周期为最高，以后基本上每个周期逐步递减。因此，生产群种山鸡一般只用第一个产蛋周期的种山鸡参加配种，但第二个产蛋周期的母山鸡所产种蛋的蛋重较大，种蛋孵化率和育雏成活率也较高。有的场也进行第二个产蛋周期的生产。育种群种山鸡场有时为了鉴定种山鸡的生产性能，可使用超过2个生产周期的种山鸡。特别优秀的种山鸡，其使用年限还可更长一些。

种公山鸡的使用年限也因生产和育种的区别而有所不同，一般生产群种山鸡，公山鸡使用1~2年均可，但考虑成本原因，以使用一年的公山鸡较普遍，而育种群种山鸡的公鸡有的特殊需要，可连续使用2年。

（二）公母比例

合适的公母比例可保证种蛋有较高的受精率。国外资料证明，公母比例 1：12 和 1：18，其种蛋受精率没有明显差异；公母山鸡交配后，10 天之内的最高受精率可保持在 90% 以上。目前，美国采用的配种比例为 1：（4～10），而国内种山鸡场的配种比例为 1：（4～8），一般开始为 1：4，随着无配种能力公山鸡的不断淘汰，至配种结束时的比例为 1：8，且仍可获得较高的受精率。

不同的配种方法，其公母比例也有所不同，一般大群配种时为 1：6，小群配种时以 1：（8～10）效果最好，人工授精公母比例为 1：（20～30）即可。

二、配种方法

目前，常用的山鸡配种方法有大群配种、小间配种和人工授精 3 种。

（一）大群配种

大群配种是目前种山鸡场普遍采用的配种方法，就是在数量较大的母鸡群内按 1：（4～6）的公母比例组群，自由交配，群体大小以 100 只左右为宜，让每一只公鸡与每一只母鸡均有随机的配种机会。

这种配种方法具有管理简便，节省人力，受精率和孵化率均较高的优点，缺点是系谱不清，只能用于生产，不能用于育种。

（二）小间配种

小间配种是山鸡育种场的常用配种方法，就是将一只公山鸡与 4～6 只母山鸡放在小间配种，如要确知雏鸡父母，则必须将公母山鸡戴上脚号，并设置自闭产蛋箱，在母鸡下蛋后立即拣出记上母鸡号，如只考察公鸡性能，仅将公鸡戴脚号、种蛋上只记

公鸡脚号即可。

这种方法管理上比较麻烦，而且如果公山鸡无射精能力时，整个配种群所产种蛋都将无精，损失较大。

（三）人工授精

山鸡的人工授精能充分利用优良种公山鸡的配种潜能，育种场和生产场都可应用，受精率可达90%以上。

山鸡的人工授精主要包括采精与输精两部分，公鸡和母鸡均笼养。

1. 采精

山鸡采精一般都采用按摩法，分为抓鸡训练、调教与采精以及精液品质鉴定3个步骤。

（1）抓鸡训练：在确定训练开始后，饲养员每天多次进入鸡舍，靠近鸡笼并抚摸鸡体，待公鸡习惯后，开始抓鸡训练。抓鸡时要求饲养员动作要轻、温和，使被抓的公鸡逐渐习惯这些动作。

（2）调教与采精：采精需要2个人，一个人保定山鸡，第二人采精，为了轻松采精，在正式采精之前，对山鸡调教几次，在调教期间，去除肛门周围区域的羽毛，轻轻地按摩公鸡的腰骶区（低背部）。用右手的手掌按摩山鸡，山鸡的头夹在操作者的右臂下，采集精液的人一般站在鸡的右侧（如右手操作），刺激生殖勃起组织和输精管的勃起（图12－1），公鸡习惯于这种按摩通过轻弹尾巴作反应，表明泄殖腔操作就可开始，采精人员左手放在泄殖腔口的上方位置，手掌压迫尾巴向上（背部上方），用左手的大拇指和食指，外翻勃起组织，紧捏球茎末端使精液进入采精杯。同时，利用右手压迫泄殖腔区的下面，协助输精管外翻，精液收集到杯子中。环颈雉平均每只公鸡精液量为0.10～0.33mL，为了获得最大的受精率，精液的贮存不能超过30min。

公鸡每隔 1 天采精一次或连续 2 天采精后休息 1 天。

很明显，采集优质的精液，这个技术需要更多的实践操作，不要挤压泄殖腔太重是非常重要的，避免对皮肤损伤；另外，过重挤压也能引起出血，还会污染精液。污染物如尿、粪和血很大地影响精液的受精能力，在采精前几小时，通常料槽中不添加饲料，有助于防止污染。

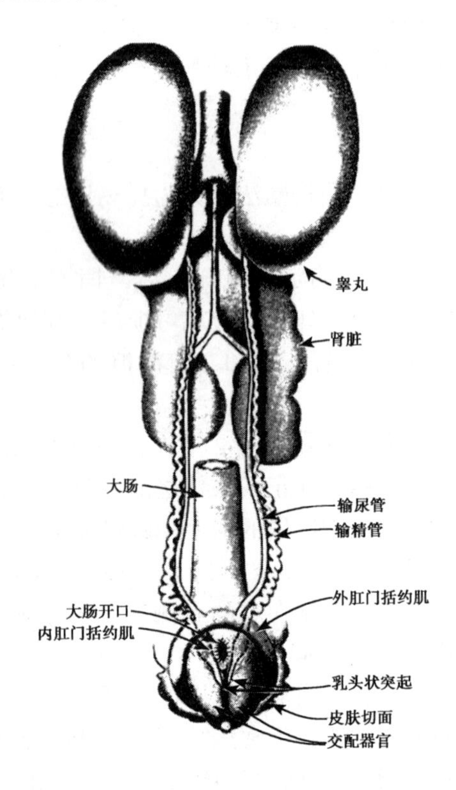

图 12－1　公鸡的繁殖系统

（3）精液品质鉴定：完成采精后，应对公鸡的精液品质进

行鉴定，包括颜色、活力、pH 值等。正常的公鸡精液为乳白色，pH 值 7.1～7.2，每毫升精液含精子为 20 亿～30 亿个。精液的质量通过显微镜观察精子的黏稠度（密度）、颜色和活力来确定。

2. 输精

保定人员在母鸡的肛门上下轻轻地压迫以引起输卵管口外翻，让输精器轻轻地输精，深度 1～2cm。精液慢慢地输入到输卵管，释放手指压力，输精器从输卵管中慢慢地移出。输精器必须轻轻地插入输卵管，以避免刺破输卵管壁。输精完成以后，轻轻地放下母鸡，以免使母鸡紧张而导致精液流失。

高受精率的山鸡用 0.025～0.05mL 未稀释的精液是适当的，山鸡受精率最大的持续期为 7～14 天（图 12－2）。

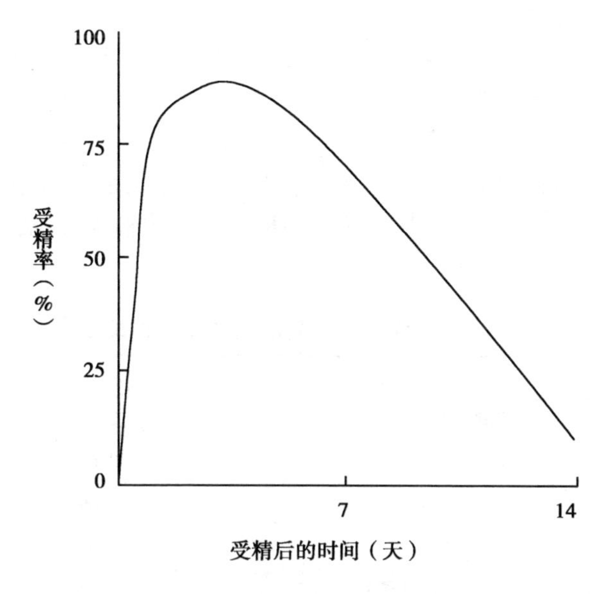

图 12－2　山鸡受精的持续时间

母鸡最佳的输精时间是子宫中没有硬壳蛋，通过轻轻地压腹部就能确定。

山鸡连续输精 2 天，然后母鸡每间隔 4 ~5 天输精 1 次，每次从采精到输精完成的时间不超过 30min。

三、精液贮存和稀释液

鸡的精液必须在 30min 内给母鸡完成输精，精液稀释液对于延长精液的生命力，降解黏稠度，稀释精液浓度以便能贮存 24h 以上是非常重要的。

山鸡精液稀释液的应用还没有研究，但家禽上开发的几种精液稀释液同样也可以用到山鸡上。

两种普通稀释液：一种是美国农业部 T. J. Sexton（1977）试验开发的，另一种由爱丁堡研究人员 P. E. Lake 博士开发的，这些稀释液的配方分别见表 12 －1 和表 12 －2，用稀释液和精液按 1 ：1 稀释。

当只需要少量精液时，不必使用稀释液，用 1% 的生理盐水按 1 ：1 稀释精液就可以，以确保足够的液体输入母鸡，但稀释的精液必须马上输精。

表 12 －1　Biltsville 家禽精液稀释液的配方

组成	g/L
三水焦磷酸钾	12.70
谷氨酸钠	8.67
无水果糖	5.00
三水乙酸钠	4.30
Tes（三羟甲基甲胺乙磺酸）	1.95
柠檬酸钾	0.64

（续表）

组成	g/L
磷酸氢二钾	0.65
六水氯化镁	0.34
加蒸馏水到1 000mL	
pH =7.5	
渗透压（m Osm/kg H_2O）=333	

摘自 Sexton（1977）

表12－2　鸡精液稀释液的Lake配方

组成	g/L
无水乙酸钠	5.1
一水柠檬酸钾（磷酸氢二钾）	1.280
四水乙酸镁（四水化合物）	0.800
一水谷氨酸钠（磷酸氢二钠）	19.200
果糖	6.000
加蒸馏水到1 000mL	
pH =6.8	

四、影响公鸡受精的因素

（一）环境因素

（1）温度：高温影响公鸡活动和采食量，从而降低公鸡受精力，一般认为高温直接影响下丘脑—垂体—性腺路径，青年公鸡适宜的温度应为20～25℃。

（2）光照：影响受精的主要环境因素是光照期，最佳性欲反应要求每天光照12h以上。

(3) 年龄：精液的质量和数量是由山鸡的年龄决定的，一般第二年以后下降。如果山鸡周期性生产每年至少2次，精液数量和质量可在第三个生产周期后下降。

(4) 营养：蛋白质和碳水化合物的缺乏影响受精力。维生素E和必需脂肪酸缺乏也可影响精液的质量和数量。

(5) 当春季转向夏季时受精率下降，这种下降可能与温度的升高或公鸡性能的降低有关。

(二) 行为

青年鸡一天交配母鸡10~30次是有效的，而在公鸡中过度竞争，交配频率过高，精液质量和数量可能遭受损害，然而，育种配种的山鸡应控制公鸡母鸡的比例。

在鸡群中母鸡的群体秩序影响公鸡的生产性能，公鸡与中间等级的母鸡群的配种频率更多，在较低或较高等级鸡群体配种频率较少。

(三) 遗传

交配行为作为遗传性状是数量遗传，雏鸡体重似乎对性能起重要作用，高产肉量的山鸡配种较少，具有较少的配种成功率。

受精力也是遗传性状，山鸡的有些品种比其他种类具有更好的受精力。

第十三章　断喙和防止飞翔

一、啄羽的因素

啄癖是大多数饲养禽类的共性。这种恶习可能开始作为啄羽毛或趾的野生习性，然后发展成大规模攻击其他禽类的肉，啄癖可导致家禽业每年很大的经济损失。

所有的种类和日龄的群体都会暴发啄癖。在鸡中，轻型的地中海品种比重型品种更加敏感。山鸡比其他种类的特禽对啄癖更加有倾向性。

许多因素引起啄癖的暴发，为了方便起见，这些因素概括为3个主要的范畴。

（1）管理：拥挤、温度、光照、日龄、卫生、鸡舍、外寄生虫。

（2）行为：群体优势、性别挑衅、地域防御。

（3）营养：矿物质、蛋白质、能量以及各种各样的营养缺乏。

（一）管理因素

下列是导致啄癖的管理因素。

（1）拥挤：高密度饲养，使山鸡之间互相紧密接触，啄食可能是由于山鸡厌烦引起的，或缺乏适当的喂料器空间。在拥挤条件下，饲养在层叠式育雏笼中的青年山鸡反复引起啄羽。

（2）温度：高温常与羽毛生长不良和啄癖有关。

（3）光照：一般强的光照比弱的光照更多发生啄癖。在育雏舍经常出现整夜亮的光照，对于弱小鸡在24h中很少有机会寻找到庇护，低强度光照的应用可使啄癖发生率最小并改善羽毛发育。

（4）年龄：啄癖发生在鸡群的所有年龄段。啄趾、喙和羽毛在青年鸡中很普通。而啄肛、啄翅或啄肉垂更多发生在老龄鸡，大多数与产蛋期间泄殖腔外翻有关。外翻的泄殖腔成为其他山鸡最初的目标。

（5）卫生：育雏舍通风和卫生状况不良可引起一定的啄癖。生长鸡趾上的鸡粪可吸引其他鸡啄，当在铁丝网的围栏中赶鸡时，脚趾也可损伤而引起啄癖。

（6）舍饲：在不同的舍饲方法下，啄羽率也有不同，饲养在金属网比饲养在地面或垫料上啄羽发生率高。

（7）设备：喂料器和饮水器空间设计不适当或者有锋利的边口常损伤并导致啄羽。不合适的金属网围栏导致关节和趾损伤。

（8）外部寄生虫：山鸡的虱或螨的传染引起疥疮、发炎和啄癖，毫无疑问这样的寄生虫感染实际上可诱发啄癖，控制寄生虫感染是必要的。

（二）行为习性

经常检查引起啄癖行为习性，不管怎样，有些方面是值得考虑的。

（1）群居的等级优势：第一次在鸡舍内一起的山鸡通过等级制度立即建立起群居状态，等级的建立是有规则的或非常攻击性的，在以后的状况下，过度攻击可导致某些山鸡的损伤。群居等级制度和啄癖的程度之间是高相关的。

（2）性攻击：性成熟的突然开始是鸡性激素明显变化的结果，在求偶活动期间，公鸡对母鸡有攻击性，这导致母鸡的头和背损伤，给其他山鸡提供了啄癖的目标。

(3) 地域行为：即使在封闭的范围内，公鸡企图建立配种地域以保卫它的配偶。在围栏或铁丝笼中非常拥挤的条件下增强公鸡保护领地的力度。

(三) 营养

一般，营养引起啄癖的原因主要有2个方面：矿物质和蛋白质。

(1) 矿物质：矿物质的作用是引起啄癖或防止啄癖的因素。羽毛的灰分中矿物质含量较高，如铝、钡、铜、铅、锰、镍、银、锡、锌和其他。研究人员认为由于鸡或其他禽类啄羽，因此，啄癖与羽毛中矿物质含量之间的相关性可能是存在的。

(2) 蛋白质（氨基酸）：许多研究人员已经尝试蛋白质水平与啄癖的发生有关。研究人员分析了羽毛中氨基酸（发现精氨酸、苯丙氨酸和苏氨酸）的组成，证实日粮中的精氨酸水平从3.9%增加到6.9%，可使9周龄的小公鸡群啄癖减少。在鸡的日粮中添加蛋氨酸可以大大地减少啄癖。

(3) 各种营养物质：发现饲喂燕麦或燕麦壳大大地减少啄羽，这是由于日粮中能量含量减少造成的；另外，缩小了日粮中的蛋氨酸能量比例，且燕麦比玉米还含有较高水平的精氨酸。

(4) 能量：发现在层叠式育雏笼饲养时，基础日粮含有较高百分比的黄玉米，蛋白质、磷和纤维含量较低，造成了较高的啄癖和啄羽。添加3.6%的酪氨酸可减少啄羽。

(四) 概要

引起啄癖的原因是有争议和复杂的。应尽力减少引起暴发的这些因素条件。我们推荐如下。

(1) 提供适当的地面或围栏空间。

(2) 立即从鸡群中搬走死鸡和病弱鸡。

(3) 搬走可能引起损伤的障碍物。

(4) 在已建立的鸡群中避免引入少数新的鸡。

(5) 限制人在鸡的设备附近走动。

(6) 提供适当的饮水器和喂料器空间。

(7) 避免突然改变饲料结构。

(8) 避免突然改变温度，应逐步地调节。

(9) 提供适当遮阴处、地面覆盖物等。

(10) 在育雏舍利用较暗的红或白的灯光。

(11) 考虑采用眼罩或头罩以减少啄癖和啄蛋（图 13-1）。

图 13-1　山鸡眼罩

（12）考虑断喙是减少啄癖的最有效的手段。

二、断　喙

断喙是使用断喙器的一种操作，包含通过切除鸡喙的一部分和烧灼或通过烧焦喙的前端等，断喙的主要优点是阻止鸡斗殴和啄癖，断喙的山鸡更安静，其他优点还有减少饲料浪费，消除啄趾和啄羽，减少蛋的损失等。

断喙的方法和日龄可根据山鸡的用途：肉用、种用或其他。也根据饲养员需要和方便，因为可采用太多的方法，饲养人员必须选择最适合的方法和时间。

正确断喙操作非常重要，如果断喙不良会损害山鸡，也可影响采食，饲料浪费，甚至啄癖而起不到保护作用。这可增加利润的损失，好的断喙方案可节省钱，对于任何鸡场的断喙操作应被作为管理的一个评价指标。

为保证质量，对操作员进行适当的培训，断喙不是最舒服的工作，确保操作员最小的疲劳，人为因素是引起断喙好坏的唯一因素。

遵守安全预防方法，切记断喙用于切割或烧焦和烧灼，电器设备应相应维护，更换磨损的电线以确保安全用电，确保所有的刀片是清洁的，处于良好的状态。

首先灼热的刀片切割喙，并烧焦表面以防止流血，烧灼和阻止流血，促进治愈，防治可能传播的疾病。

不管怎样，断喙最大的失误是过度或延长灼热，断喙采用太多的热，导致喙球状生长，这对山鸡是非常疼的，特别是吃料和饮水时，可引起山鸡死亡，因此决不采用更高的热量。

如果山鸡断喙以后流血，不一定是指刀片温度太低，也可由其他因素引起流血。有些药物能使血液变稀而促进血流，应在断喙之前停止用药，也考虑给山鸡在断喙之前3天用维生素K，以减少潜在的流血。如果在断喙之前受到应激，血压较高，可能使血流更多，饮水可增加血压、促进血流，在断喙前移走山鸡饮水器1～2h可能是有帮助的。

断喙的注意事项如下。

（1）在应激情况下不要断喙。

（2）夏季或温暖的气候条件下，避免在最热的天气进行断喙。

（3）不要仓促断喙，首先要培训操作员。

（4）断喙以后保持较多的饲料。

（5）保持充足的饮水，确保足够深的饮水，使山鸡更容易饮水。

（6）保持烧灼刀片清洁和良好状态。

断喙种鸡，也用相同的方法在6～10日龄进行，对鸡用断喙器进行精确断喙，用食指控制下面的喙和舌头，当断喙时，下面的喙比上部的稍长一些（图13－2）。

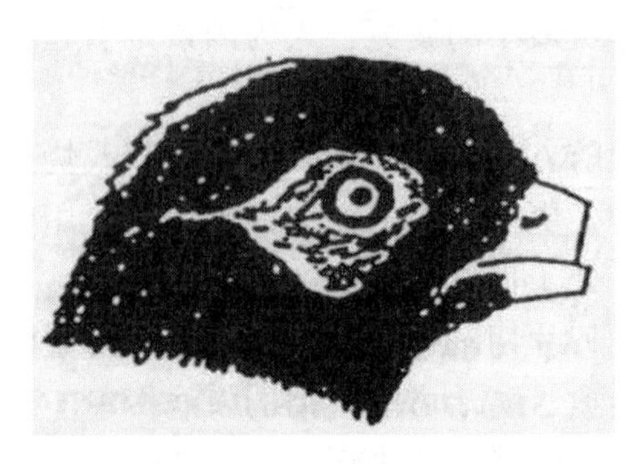

图13－2　断喙后

三、防止飞翔措施

下面是防止山鸡飞翔的主要方法：

1. 剪断翼羽

用这种方法（图 13－3），一个翅膀的主翼羽从它们的基部剪掉 2.5～5cm，当在 6～8 周龄翼羽生长时，需要几次剪掉。

图 13－3　剪翼羽

2. 羽毛连根拔出

用钳子或手指连根拔出羽毛，向上拔出，避免拔出翼羽导致流血，从而造成啄癖。

3. 剪断翅膀

这是一个永久的方法，用于防止山鸡的飞翔，成年山鸡通过剪断翅膀最外面的最后关节（图 13－4）。首先，在截断的点稍微上方的一点紧紧地用细绳系住。其次，用剪刀在细绳下面的关节剪断，用鞣酸阻压住伤口以阻止流血，几天以后，当伤口治愈后去掉细绳。青年山鸡剪断比较好，因为相互撞击不太严重，再则，只有不再期望山鸡飞翔用时，剪断才可行。这个方法适合饲养肉用山鸡。

4. 腱切断术

通过切断主要翅膀的腱完成，在刚出雏时，在孵化厂用断喙器灼烧掉翅膀外边的最后的关节（图 13－4），当腱被切断时，折断除去，只要处理一个翅膀就可以防止飞翔。

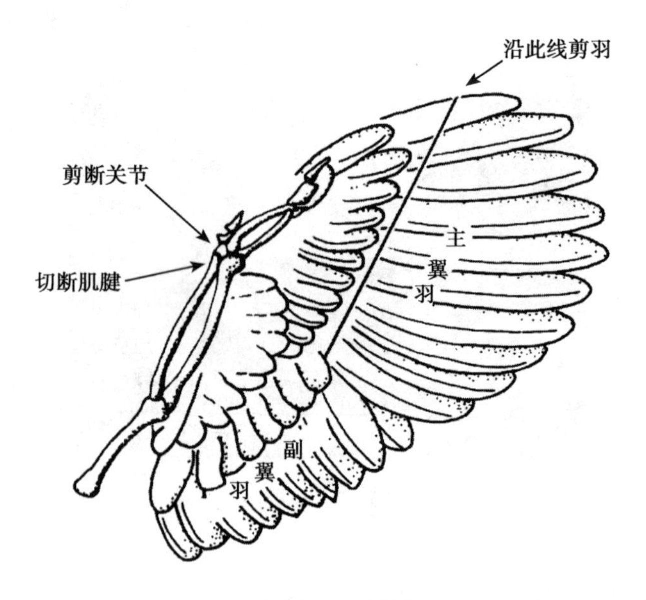

图 13－4　断翅

第十四章　山鸡饲养场的卫生防疫

科学饲养山鸡除了需要引进优良山鸡品种、使用全价营养饲料、完善设施设备、科学布局场区之外，更离不开饲养人员的精心管理。良好的饲养管理和完善的卫生防疫制度，是搞好山鸡饲养的基础。坚持“预防为主、养防结合、防重于治”的基本原则。在制定饲养场卫生防疫制度时，须注意以下几个方面。

（1）合理布局，全进全出。

（2）认真检疫，落实隔离，封锁任务。

（3）建立严格的卫生消毒管理制度。

一、养殖场卫生管理制度

山鸡场应结合自身的特点，制定严格的卫生管理制度，提高全场饲养人员的责任心与防疫意识，在日常工作中，应加强培训和宣贯力度，引导工作人员自觉遵守场区的卫生管理制度，共同营造场区整洁的卫生环境。

（一）场区卫生管理

（1）非饲养人员不得进入生产区。场区净道、污道分开。鸡苗车、饲料车应走净道；抓鸡车、出粪车、死鸡处理应走污道。

（2）场区要求无杂草、无垃圾。死鸡、疫苗瓶等应焚烧或深埋。

(3) 建立专用病死山鸡处理设施，防止污染扩散；建立专用山鸡粪、污物处理设施，可防渗漏、防病原污染物扩散。

(4) 实施“全进全出”制度，合理规划布局场区功能结构。

(5) 留足空舍时间，以便全面、充分地清扫和消毒。

(二) 舍内卫生管理

(1) 进鸡前，对舍内的设备和杂物应整理干净并彻底消毒。鸡舍要彻底清扫干净，用高压水枪从自净区向污区冲洗并消毒。

(2) 饲养人员禁止相互串舍。舍内工具固定，禁止相互串用，所有器具都应经过消毒后，方可进入鸡舍。

(3) 及时捡出病死山鸡、残鸡，装入袋中，密封后移至污区焚烧或深埋处理。病残鸡及时淘汰或隔离饲养，防止疫病扩散。

(4) 定期灭鼠，注意避免灭鼠药污染饲料、饮水，避免山鸡接触灭鼠药。

二、场区卫生防疫的实施

(一) 合理布局，全进全出

山鸡场的合理布局可以有效防止疫病的相互传播，为疾病的预防控制起到良好的空间隔离效果。科学的饲养，要求养殖户将雏鸡、育成鸡、成年鸡分开饲养，且孵化场要与山鸡场隔离开来或保留一定距离。

全进全出是将日龄和体况相近的鸡群集中饲养，便于环境控制和疾病防治，它具有以下几点优势。

1. 全进全出是有效预防疾病的根本

每个鸡群自身都带有不同的微生物，各种因素经常导致鸡群

免疫力下降，疫苗接种后不能产生良好的免疫应答等。只有坚定不移地执行全进全出，才能有效防止新的病原体在不同山鸡群之间的交叉感染。

2. 全进全出才能真正做到彻底消毒

山鸡群全出后，便于养殖人员对鸡舍及设施设备进行全面彻底的消毒，有利于场区卫生环境的改善，从传染源头切断疾病发生的可能性。

3. 全进全出可以显著提高山鸡群抗病力

在新的洁净的环境下，山鸡群能够逐步接触环境中的微生物，产生免疫力，而连续饲养情况下，新进山鸡群须立刻面对不同山鸡群的病原微生物的侵害，容易发生大规模的疫病流行。

4. 全进全出可以最大限度减少应激

不同日龄、不同体况的山鸡群对外界温度、湿度等环境因素要求不同，将相似日龄、体况的山鸡群集中到一起饲养，可以保证山鸡群大多生活在适宜的环境中，便于集中管理，防止因不同环境因素影响对山鸡群带来应激。

在制订生产计划时，应做到科学、高效。进鸡时，应尽量在短时间内完成鸡舍进苗工作。同样在饲养结束后，也应做到尽可能在短时间内完成山鸡群的销售或者淘汰工作。鸡舍空置时，应对鸡舍进行彻底的清扫、清洗和消毒，空舍 2～4 周，随后再进行下一批次养殖。若全场鸡群不能做到全进全出，也至少保证分区域进行全进全出。

（二）认真检疫，落实隔离，封锁任务

1. 检疫

是指通过各种诊断方法对山鸡产品进行疫病检查，并因此及时发现病鸡，并采取相应的措施，防止疫病的发生与扩散。为保护本场的山鸡群，应至少做到以下几点：

（1）种山鸡应重点检疫：制订种山鸡检疫计划，定期开展对种山鸡相关疫病的检疫工作，尤其是能够垂直传播的疾病如鸡白痢、禽白血病等。一旦发现该类疾病监测结果为阳性时，应及时淘汰阳性鸡，不可再做种用。

（2）引种检疫：从外地引进雏山鸡或者种蛋时，应注意了解引种地的疫情状况、引种场区的饲养管理情况和种山鸡的疾病史。对于检疫不合格，即引种地暴发疫情、引种场区饲养管理水平较差、种山鸡存在垂直传播疾病史的种蛋或雏山鸡应停止引种，对于雏山鸡引种，还要充分了解山鸡群的免疫接种情况。

（3）山鸡群抗体检测：为了解本场山鸡群的健康状况，各场应建立起抗体检测计划，定期对山鸡群抽样采血，检测山鸡群抗体水平，依据检测结果及时调整免疫程序。

（4）对饮水、饲料进行抽检：按照山鸡场所处环境及山鸡群饮用水来源制定饮用水细菌学监测制度，并对各种饲料和饲料添加剂开展微生物检测、霉菌毒素检测。对山鸡场使用的饮用水、饲料、饲料添加剂中的微生物、致病菌和各类毒素作出科学评价，为山鸡场饮用水、饲料、供水设备、喂料机等设备的清洗和消毒提供合理依据。

（5）对于孵化厂孵出的死胚、孵化箱环境进行定期抽检：对死胚进行细菌学检查可以探明死胚死亡的原因、了解孵化器的污染程度，以便对孵化厂及其设备及时清洗消毒，防止病原扩散，感染其他雏山鸡。

2. 隔离

是指通过检疫将病山鸡和健康山鸡群区分开来，分别饲养，以便控制传染源，防止疫情进一步扩大，将疫情限制在最小范围内。此外，将病山鸡和健康山鸡群分开饲养便于对病山鸡集中治疗和紧急免疫等。

3. 封锁

是当山鸡场暴发某些重要的烈性传染病（如新城疫、真性鸡瘟等）时，严格对场区进行封锁，限制人员、动物以及相关动物产品进出场区。同时，应对山鸡群和周边环境展开彻底的消毒。对于大型规模化养殖场或种山鸡场而言，即使在无疫情暴发时，也应对场区实施封锁，限制人员、车辆的自由进出，只有有效的隔离封锁，才能保证场区环境的安全，防止疫病的传播扩散。

三、强化场区卫生消毒

做好山鸡场的卫生和消毒工作，是有效控制和消灭病原微生物、预防各种疫病的前提和基础。消毒工作应制度化、经常化，不仅对场区门口、生产区、鸡舍、孵化厂、育雏室做好消毒工作，还要经常带鸡消毒，这不仅能够使鸡舍的地面、墙面、山鸡体表和空气中的细菌数量明显减少，还能降低空气中的粉尘、氨气，夏天还可起到降温作用，对环境净化和疫病防治起到重要作用。

（一）制定合理的消毒制度

1. 场区消毒

山鸡场大门应设置车辆消毒池和人员脚踏消毒池。车辆消毒池一般长、宽、深分别为4m、2.5m、0.2m，两边为缓坡；人员脚踏消毒池长、宽、深分别为1m、0.5m、0.08m，消毒液应每天更换。山鸡苗车、饲料车、免疫车、抓鸡车和其他车辆进出时，必须经过严格消毒后方可进入。

每周都应对场区的地面进行消毒。山鸡场的各个区域，包括宿舍区、仓库等要求整洁卫生，每周进行喷雾消毒。

2. 舍内消毒

在进鸡前，应对山鸡舍进行全面彻底的清扫和消毒，其中清扫和冲洗环节必不可少。清扫冲洗干净，晾干后，应选用消毒剂冲刷墙壁和地面，待干燥后，再以喷雾消毒方式对整栋鸡舍进行全面消毒。对撤出的各种设备，如饮水器、料槽等也应清洗干净，并选用合适的消毒药浸泡消毒，然后用清水冲洗干净，阳光下暴晒晾干，再搬入鸡舍。待进鸡前，还应封闭好门窗，用福尔马林和高锰酸钾熏蒸消毒，24h 后开窗通风 2 ~ 3 天，方可进鸡。

饲养人员应对山鸡舍随时清扫，保持卫生清洁，每周带鸡消毒 1 ~ 3 次。山鸡舍内的各项设备，如饮水器、料槽等也应进行定期消毒。

工作人员进入孵化厂必须更换工作服，脚踏消毒池；孵化厂应特别注意卫生和消毒。由于孵化室温度相对较高、湿度较大，产生的蛋壳、蛋黄等垃圾较多，非常容易滋生各种微生物，因此要格外注意，孵化室每天用消毒药液喷洒地面一次，工作人员应随时清理舍内的垃圾，每次出雏前对孵化室四壁、棚顶、孵化器、出雏器外壳及顶部进行喷雾消毒。装雏盘、箱每次使用前用熏蒸消毒法消毒。孵化室每出完一批雏山鸡必须将室内所有器具进行彻底冲洗，用消毒剂浸泡消毒，擦拭干净，干燥后再熏蒸消毒；每次入孵、照蛋、落盘、扫盘后遗留下来的蛋壳、破损蛋、蛋内容物要尽快清除并进行无害化处理。孵化室应谢绝参观。

3. 人员消毒

人员进入生产区必须消毒，更换工作服、工作鞋，进鸡舍前必须用消毒液洗手，禁止将工作服、工作鞋穿出鸡舍。工作服、工作鞋每周都应消毒至少一次。

（二）常见的消毒方式

1. 物理消毒

物理消毒方式主要包括机械性消毒、高温消毒、干燥消毒、紫外线照射等方法。其中，机械性消毒又被称为清扫，一般配合化学消毒方法共同使用，以达到良好的消毒目的。

在开展消毒工作之前，应首先对所有消毒设施和设备进行彻底的清洁，是消毒程序最为重要的内容之一。在日常工作中，饲养人员往往十分关注消毒工作的实施，误认为只要做好适当的消毒措施，鸡舍的粪便等污物便不会对山鸡健康造成威胁。然而事实上，粪便、饲料残渣等污物往往会附着在笼舍和各类设施表面，将许多病原微生物包裹其中，大大降低消毒剂与被消毒物品表面的直接接触，减弱消毒剂的作用效果。有数据表明，消毒之前进行有效的清洗工作，可以去除90%以上的微生物。配合消毒剂的使用，可以大大提高消毒剂的作用效果，达到良好的杀菌消毒作用。

去除有机物的第一步则是选择一个好的清洁剂。氢氧化钠、碳酸钠，或阳离子去污剂均可以达到不错的清洁效果。特别值得注意的是育雏鸡舍的清洁，育雏鸡舍往往存在较多的蛋壳、残留的卵黄等废弃物，又是较易滋生微生物的场所，因此，要特别注意做好清洁工作。在进行清洁前可喷洒1：1 000稀释的季铵盐类，以防止清洁过程中的扬尘。所有可燃的垃圾须及时清理出育雏鸡舍。对孵化、育雏等场所可在水中添加合适的表面活性剂，来去除鸡舍与设备表面的有机物质。

由于某些表面活性剂和消毒剂之间存在不相容性，因此，在选择表面活性剂时应注意避免对消毒剂产生干扰作用。例如，阴离子表面活性剂能够对季铵盐类消毒药产生干扰，而非离子型表面活性剂不能与苯酚类消毒剂配合使用。

2. 化学消毒

化学消毒是借助化学消毒剂对环境和器具的消毒。目前市场上可供选择的消毒剂种类繁多，饲养人员可根据自己的实际需求按需购买。但在使用化学消毒剂时，需注意以下几方面的问题。

（1）大多数清洁剂和消毒剂都具有毒性，因此，在保存过程中应注意存放位置，保存位置应远离饲料、水源；防止儿童和未经授权的人员接触该类物品。

（2）所有清洁剂和消毒剂都要保留商品标签。在使用前，请务必仔细阅读并遵守容器标签上所有的预防措施和安全建议，根据商品标签推荐的稀释浓度科学使用消毒剂。

（3）使用强效清洁或消毒液时，戴上护目镜或防护面罩。避免吸入消毒喷雾剂，保护自身安全。

3. 生物学消毒

生物学消毒即是利用发酵、微生态制剂等方法清除或杀灭有害病原微生物的方法。目前常见的生物学消毒方法主要是畜禽粪便的生物热消毒方法，即将收集的粪便堆积起来后，粪便中便形成了缺氧环境，粪中的嗜热厌氧微生物在缺氧环境中大量生长并产生热量，能使粪中温度达 60～75℃，这样就可以杀死粪便中病毒、细菌、寄生虫卵等病原体。

与化学消毒方法相比，生物学消毒最大的特点在于既能对病原微生物起到很好的抑制或杀灭作用，又不对环境产生任何持续性的破坏，是未来构建绿色养殖业的一个重要发展方向。但该方法对养殖场设施环境要求较高，消毒过程缓慢，对抵抗力顽强的病原微生物（如芽孢）杀灭作用不切实等，也制约着此项消毒技术的推广。

（三）常见化学类消毒剂介绍

与所有畜禽养殖场类似，山鸡场的卫生管理在很大程度上都

依赖于消毒剂、杀菌剂的使用，尽可能杀灭环境中及鸡舍内的各种病原微生物。因此，养殖场工作人员必须掌握各种常见的消毒方式，对各类消毒药剂的理化特性、作用属性、对山鸡和人类的影响做到了然于胸，才能够在适当的场所、合适的时间选择最有效果、副作用最小的消毒药物，结合合适的消毒方式，才能保证养殖场卫生防疫工作高效、安全。以下分别列举常见的不同消毒剂种类的特性及其使用建议。

1. 碱类消毒剂

强碱性化合物包括氢氧化钠、氢氧化钾、氢氧化铵等。弱碱性的化合物包括碳酸盐、碳酸氢盐、硅酸盐和碱性磷酸盐等。这些化合物的清洁效果要好于消毒作用。曾经有一段时间美国农业部将碱液（氢氧化钠）作为动物圈舍、卡车和设备的推荐使用杀菌消毒剂。但是，最近研究已表明，以前推荐的稀释液浓度不能达到满意的灭菌效果。而高浓度的碱液对人员危害较大，因此，目前已不推荐将此类物质作为消毒剂使用，但较低浓度的碱液仍然可作为很好的清洁剂，配合其他消毒剂使用。

使用建议：在使用碱类消毒剂时应穿戴防护服。该类物质对金属有一定腐蚀性，不宜用于金属制品的消毒，且应避免在完全密闭的空间内使用。一般推荐以2%～3%的浓度用于冲洗鸡舍、运输车辆、门口消毒池等设施。

2. 季铵盐类消毒剂

该类物质属于阳离子表面活性剂，具有透明、无味、对皮肤无刺激的特点，并且有一定程度的除臭功效，曾一度被认为是最理想的消毒剂，市场上季铵盐化合物类消毒产品品种繁多，而最常见的为新洁尔灭、百毒杀等。

使用建议：该品可用于金属器具的消毒，忌与肥皂或碱类物质接触，以免发生拮抗作用。在使用季铵盐类化合物进行消毒时，必须确保被消毒物品表面清洁、无污物。常规消毒浓度推荐使用0.1%，0.5%～2%浓度的季铵盐类可用于种蛋的浸泡和洗涤，以及孵化室、鸡舍和设备的消毒。在选用不同种类的消毒剂时，可以参照产品说明书进行相应浓度的稀释，以获得满意的消毒效果。

3. 碘类消毒剂

碘和碘伏类消毒剂是一类高效、广谱消毒剂，能杀灭细菌、病毒、噬菌体、分枝杆菌、原虫、真菌等病原体。常用的碘类消毒药有碘酊与速效碘。碘酊常用作外部消毒，如皮肤、伤口、注射部位的局部擦拭消毒。速效碘则可用作鸡舍消毒（可带鸡消毒）、饮水消毒等。

使用建议：碘制剂易挥发、在使用前应注意产品的保质期，应避光保存，开封较长时间的碘类消毒剂，应观察其颜色有无变浅。采用碘酊进行局部消毒时推荐使用浓度为2%或5%，消毒方式以擦拭为主。采用速效碘进行鸡舍消毒时，推荐进行100～300倍稀释，消毒时间为5～30min，带鸡消毒时可适当加大稀释倍数，降低消毒剂浓度。饮水设备的消毒可用100～500倍稀释使用。

4. 次氯酸盐类消毒剂

次氯酸盐消毒剂是一类溶于水后能产生次氯酸的消毒剂，是最早使用的化学消毒剂之一。该类消毒剂品种繁多，可分为无机化合物和有机化合物两大类：无机化合物以次氯酸盐类为主，杀菌消毒作用较快，但性能不稳定；有机化合物主要以氯胺类为主，性能稳定，杀菌消毒作用较慢。常见的该类消毒剂由次氯酸钙、漂白粉、氯铵B、三氯异氰尿酸等。

使用建议：次氯酸盐类消毒剂在高温、酸性环境中杀菌能力较强。该品对金属和皮肤有一定的腐蚀性，因此，在使用过程中应注意适当防护。漂白粉常以5～10g/m^3的剂量用作饮水消毒，干粉剂可与鸡粪便以1：5的比例混合，进行粪便消毒。该类消

毒剂产品种类繁多，使用前应详细阅读使用说明书，按照生产商推荐浓度进行稀释和使用。

5. 酚类消毒剂

酚类消毒剂已有100年的历史，曾经是医院主要消毒剂之一，为预防和控制疾病的传播起过重要作用。酚类化合物是芳烃的含羟基衍生物，在高浓度下，酚类可裂解并穿透细胞壁，使菌体蛋白凝集沉淀，快速杀灭细胞；在低浓度下，可使细菌的酶系统失去活性，导致细胞死亡。其代表产品是苯酚、煤酚皂溶液、六氯酚、对氯间二甲苯酚。

使用建议：酚类化合物均呈弱酸性，在环境中易被氧化，因此，在使用过程中应注意避免与碱性物质接触。该类消毒剂一般都具有特殊的芳香气味，因此，一般不建议用于带鸡消毒，以免刺激山鸡的皮肤和黏膜造成不适。

6. 过氧化物类消毒剂

该类消毒剂一般具有强氧化性，各种微生物对其十分敏感，可将所有微生物杀灭。这类消毒剂包括过氧化氢、过氧乙酸、二氧化氯和臭氧等。它们的优点是消毒后在物品上不留残余毒性。

二氧化氯对细胞壁有较强的吸附和穿透能力，能够释放出原子氧将细胞内的含巯基的酶氧化起到杀菌作用。国外大量的实验研究显示，二氧化氯是安全、无毒的消毒剂，无“三致”效应(致癌、致畸、致突变)，被国际上公认为安全、无毒的绿色消毒剂。

使用建议：部分过氧化物类消毒剂由于其强氧化性，对金属、皮肤、黏膜等存在一定的刺激性，使用前应充分阅读说明书，按照厂家推荐浓度使用，并做好个人防护工作。二氧化氯用于饮水消毒、栋舍消毒时推荐浓度一般不高于100mg/kg，即可达到很好的灭菌效果。

7. 醛类消毒剂

醛类消毒剂杀菌机理是蛋白质变性或烷基化；杀菌特点是对细菌、真菌、病毒均有效应。可消毒排泄物、金属器械，也可用于栏舍的熏蒸。此类消毒剂有刺激性和毒性，长期使用会致癌，易造成皮肤上皮细胞死亡而导致麻痹死亡，甲醛的消毒受污物、温度、湿度影响较大。此类消毒剂主要包括甲醛、戊二醛等。

使用建议：甲醛是一种常见的消毒剂，常常配合高锰酸钾使用于封闭空间的熏蒸消毒，尤其是在对孵化器进行消毒一般首选甲醛熏蒸。市面上有许多消毒药物都是以甲醛为主要成分，养殖人员可根据自己的消毒环境、设施需求选择不同类型的产品。

8. 醇类消毒剂

该类消毒药主要指乙醇和异丙醇，它可凝固蛋白质，导致微生物死亡，属于中效消毒剂，可杀灭细菌繁殖体，破坏多数亲脂性病毒。醇类杀微生物作用亦可受有机物影响，而且由于易挥发，应采用浸泡消毒或反复擦拭以保证其作用时间。

使用建议：鸡场较常见的醇类消毒剂为乙醇，一般可制成75%的酒精棉球，用作注射器或鸡体表消毒使用，由于其具有易挥发的特性，因此，保存时应注意密闭保存，及时更换存放时间较长的酒精棉球。

（四）消毒剂使用注意事项

（1）在充分了解各类消毒药的特性及适用范围、优缺点之后，也要根据不同的产品类别，仔细阅读产品说明书，根据不同的浓度配比适当调整消毒药的稀释方案。

（2）根据疫病流行规律和养殖场自身特点，制定合理的消毒计划，并配合不同季节、消毒对象、消毒场所切实执行，切忌一概而论，盲目使用消毒剂。

（3）稀释消毒药时尽量以温水稀释，多可提高消毒剂灭菌

效果，但不可温度过高，以免造成有效成分的损失。

（4）严禁使用过期的、质量不佳的消毒药。

（5）各类消毒剂不应混合使用，即是混合使用，也应充分了解两种药剂的特性，防止发生拮抗作用，降低消毒效果，加大生产成本。

（6）尽量不选用有刺激性、腐蚀性的消毒剂。此类消毒药物的刺激性一般会持续一段时间，应避免人或动物直接接触此类物质，以免伤害人或动物黏膜，腐蚀场区金属设备等，造成不必要的损失。使用强效清洁或消毒溶液时，戴上护目镜或防护面罩。避免吸入消毒喷雾剂。

（7）大多数清洁剂和消毒剂都具有毒性，因此，在保存过程中应注意存放位置：保存位置应远离饲料、水源；防止儿童和未经授权的人员接触该类物品。易挥发、易分解的消毒药品开封后应立即使用，尽量避免较长时间保存此类物质。

第十五章　山鸡的疾病

一、病毒性疾病

病毒是一种只能在宿主细胞内进行复制的最小微生物，常常通过接触传播。虽然病毒不能离开宿主在体外长时间存活，但是它们可以依赖宿主排泄的粪便、尿液或分泌物而存活。

一些病毒会粘附在灰尘或雾滴上面，漂浮很远的距离，可通过空气传播。大多数病毒对干燥和阳光直射很敏感，可以减少疫病传播的机会。但有些病毒对环境抵抗力很强，如新城疫病毒，对各种理化因素的抵抗力都很强。同样，一些病毒对消毒剂也有较强抵抗力。了解不同病毒的特性有助于我们控制和消灭不同的疫病，提高山鸡的养殖效益。

（一）新城疫

新城疫是鸡的一种急性、烈性传染病，也是山鸡的常发病之一，山鸡群感染后传播很快，死亡率高。新城疫病原是属于副黏病毒科的一种病毒，主要存在于病山鸡的气囊、气管渗出物，脑、脾、肺以及各种分泌物和排泄物中。该病以呼吸困难、下痢、神经机能紊乱、黏膜及浆膜广泛性出血为特征。

新城疫病毒只有一个血清型，但根据病毒株的强弱不同分为4种类型，即嗜内脏速发型、速发型或嗜神经型、中发型和缓发型。前两型均为高度致病性的强毒型，一般造成急性流行性发病

的都是强毒型新城疫毒株。鸡、火鸡、山鸡、鸽和鹌鹑均易感染，水禽和各种观赏鸟类可带毒并传播此病。该病一年四季均可发生，尤以春秋两季多发。主要传染源是病山鸡。感染山鸡的口、鼻分泌物和粪便、羽毛均带毒，通过污染饲料、饮水、垫料、用具、地面等传染。此外，人、野禽、老鼠、昆虫等也能机械地传播病毒。传播途径主要是通过消化道和呼吸道。此外，通过眼结膜、创伤、交尾也有可能感染。

临床症状：自然感染潜伏期为 3 ~ 5 天。最急性型多见于雏山鸡和流行初期，常突然发病，无特异症状而迅速死亡。急性型则表现为呼吸困难，精神萎顿，食欲减退或废绝，体温升高，缩颈低头，两翼下垂，眼圈发紫，嗉囊充满液体或气体，将病山鸡倒提，会有刺鼻酸臭液体从口腔流出。常见下痢，粪便呈黄色、灰色或绿色，2 ~ 5 天死亡。慢性型症状相对较轻，多表现为神经症状，出现头颈扭曲，转圈，或向后倒退，步态不稳，两翼麻痹等，病程 7 ~ 20 天。成年山鸡主要表现为产蛋下降，蛋壳褪色，砂壳蛋或软壳蛋增多。

剖检病变：典型变化主要在消化道。腺胃乳头出血，有时食道与腺胃或腺胃与肌胃交界处出血；十二指肠黏膜出血、坏死，有溃疡灶形成；盲肠扁桃体肿胀、出血。另外，病禽的鼻腔、喉头、气管黏膜充血，黏液增多。中枢神经系统出现非化脓性脑炎变化。

防治措施：目前该病还没有有效的药物可以治疗。预防此病，首先杜绝病原侵入山鸡群，防止一切污染的车辆、物品、用具、设备进入养殖场，严格做好隔离消毒工作。其次要做好预防接种工作。此外要注意避免山鸡群出现应激反应，补充足够量的维生素 A，使山鸡群保持较强的抵抗力。

新城疫疫苗有两大类：弱毒疫苗和灭活疫苗。弱毒疫苗又分两种类型：一种属于中等毒力的 I 系疫苗，另一种为毒力较弱的疫苗如Ⅱ系、Ⅲ系、Ⅳ系弱毒疫苗。在我国Ⅳ系弱毒疫苗使用较多，适合于首免，采用滴眼、滴鼻的方法。Ⅰ系疫苗适合于2月龄以上的山鸡加强免疫，采用注射的方法较好。灭活疫苗和弱毒疫苗联合应用能达到较好的预防效果。如果本地区有疫病流行，需要多次免疫接种，确保山鸡群免受强毒的感染。

（二）禽痘

禽痘是家禽的一种急性、接触性的病毒性传染病。本病在山鸡较为常见，但传播较慢，其特征是在山鸡体表无毛或少毛的皮肤上出现痘疹（皮肤型），或在上呼吸道和口腔黏膜形成散在的纤维素性坏死性假膜（白喉型）。也可能出现皮肤型和白喉型同时发生的混合型。

禽痘在山鸡一年四季都可发生，但以夏秋两季最流行。禽痘的传染常由健康山鸡与病山鸡接触而引起。脱落的痘痂是病原散布的主要方式。该病在鸡舍内也可以通过空气传播。此外，蚊子、体表寄生虫、野鸟等也可传播该病。病毒经损伤或裂口的皮肤进入血液循环，然后在好发部位迅速形成痘疹。在拥挤、通风不良、阴暗潮湿的环境中以及维生素缺乏和饲养管理恶劣的情况下，可使病情加重。禽痘病毒可以感染各种年龄的鸡，其他禽类如火鸡、珠鸡、孔雀、鸽、水禽、山鸡，甚至金丝雀、麻雀等均可感染发病。

临床症状与剖检病变：禽痘依照症状和病变可分为皮肤型、黏膜型和混合型3种类型。

皮肤型：主要是在脸、耳、嘴角等无羽毛处出现米粒大乃至豌豆大的灰白色痘疹，最后干燥结痂。结痂3～4周脱落，形成灰白色斑痕。如将结痂剥离掉，皮肤就会暴露出一个出血的病灶。此型病变一般较轻微，无全身症状，严重的病例可表现出精神萎顿，食欲减退，消瘦等全身症状，也可引起死亡。

黏膜型：也可称为白喉型。主要病症是在口腔、咽喉黏膜上，生成黄白色的小结节，继而结节增大融合成片，形成一层黄白色干酪样的假膜，覆盖在黏膜表面。病山鸡出现呼吸困难，食欲减退。随着病程的发展，病山鸡呼吸和吞咽都受到障碍，往往出现张口呼吸，精神萎靡，有时眼睛肿胀、甚至失明。由于采食困难，体重迅速减轻，出现全身生长不良，并有不同程度的死亡。产蛋山鸡的产蛋量下降。

混合型：皮肤型和白喉型症状同时发生，死亡率可达50%。

防治措施：对禽痘治疗目前尚无特效药物，只能对症治疗，以减轻症状和防止并发症。对于皮肤型，可以在伤口处涂擦2%碘酒或龙胆紫。对于黏膜型，伤口处用0.1%的高锰酸钾冲洗后，用碘甘油涂擦，以减少窒息死亡，同时使用抗生素防止继发感染细菌性疾病。该病主要以预防为主，接种鸡痘疫苗可有效预防本病。鸡痘弱毒疫苗安全有效，适用于初生雏鸡和不同年龄的山鸡。一般采用针刺法，刺种在翅膀内侧无血管处皮下，如接种形成结痂，说明接种成功。

（三）禽流感

禽流感是由A型流感病毒引起的一种禽类呼吸道传染病，鸡、山鸡、水禽和候鸟等均可感染发病。禽流感病毒分为高致病性禽流感病毒（如H5N1毒株）和低致病性禽流感病毒（如H9N2），其中，高致病性禽流感病毒对家禽业危害极大，被国际兽医局列为必须报告的传染病。我国规定该病一旦发现必须立即封锁消毒，彻底扑灭。2000年以后，我国部分地区多次暴发高致病性禽流感，给养禽业造成极大的损失。

临床症状：低致病性禽流感引起病鸡精神萎靡、呼吸困难、饮食下降、腹泻以及低死亡率为特征。高致病性禽流感以急性发病、死亡率高为特征，病鸡体温升高、精神沉郁、饮食下降或废绝、咳嗽、喷嚏、啰音、流泪、羽毛松乱，头部、眼睑肿胀，冠、肉髯发绀，脚趾鳞皮出血，神经紊乱，腹泻，产蛋急剧下降，软壳蛋、薄壳蛋、畸形蛋迅速增多。有时发病鸡明显脱水。发病率和死亡率可达 100%。

剖检病变：剖检常见气管黏膜充血、出血，肺脏充、出血，气囊炎。腺胃乳头出血，心肌坏死，卵泡充血、出血，输卵管内有浆液性、黏液性或干酪样物质，胰腺坏死，有时产蛋病死禽的腹腔有大量蛋黄。浆膜和黏膜表面有小出血点，体内脂肪有点状出血。

防治措施：高致病性禽流感一旦发生，要严格执行封锁、隔离、消毒、扑杀等措施。将疫区严格隔离，扑杀发病场所有鸡群，清除被扑杀的山鸡、山鸡制品、废弃杂物、粪便、饲料及设备，然后对整个山鸡场进行彻底清洗、消毒。低致病性禽流感可采取隔离、消毒与治疗相结合的措施。在预防方面：①加强卫生防疫工作，避免不同山鸡品种混养，防止野禽、野鸟进入鸡舍。严格执行防疫制度，谢绝外来人员参观，工作人员进出养禽场要淋浴、更衣，禁止饲养人员家里养禽、养鸟等。此外要加强饲养管理，提高山鸡群对疾病的抵抗力，避免或减少应激因素的发生。②使用禽流感灭活疫苗进行免疫接种，可以有效控制该病所造成的损失。接种禽流感灭活疫苗的血清型可根据本地流行的毒株的血清型而定，有条件的地方可以在禽流感 HI 抗体监测条件下进行免疫。

（四）鸡传染性喉气管炎

鸡传染性喉气管炎是由鸡传染性喉气管炎病毒引起的鸡的急性上呼吸道传染病。鸡、山鸡、火鸡和孔雀均易感染该病。病禽感染此病后的特征是呼吸困难，气喘，咳出带血分泌物，喉头和气管黏膜肿胀，出血，并形成糜烂。该病传播迅速，发病率可达

100%，死亡率一般在20%左右。病禽和带毒康复禽是该病的主要传染源，被污染的笼舍和用具是主要的传播媒介。自然感染途径是呼吸道，病毒以水平传播方式经上呼吸道和眼结膜感染。

临床症状：该病潜伏期为6～12天，急性期患禽出现鼻涕、流眼泪、眼结膜炎等症状，随着病情的发展表现出特征性呼吸道症状，咳嗽、呼吸困难、气管啰音，闭眼，伸颈呼吸，咳出带血的黏液。体温升高，食欲减退，消瘦，鸡冠发紫，精神沉郁。有时排绿色粪便。病禽往往由于窒息而死亡。

剖检病变：病变主要表现在上呼吸道，鼻腔、喉头或口腔有带血的黏液，喉头、气管充出血，黏膜肿胀、变性，甚至坏死，常覆盖一层黄白色干酪样物。有时见到结膜炎和鼻窦炎。

防治措施：此病目前尚无有效药物治疗。发病时可以对症治疗及用抗生素防止继发感染。由于康复禽长期带毒，因此需要淘汰病禽，并进行严格消毒。使用弱毒疫苗最好仅用于该病流行地区的山鸡群，因为该疫苗存在散毒的危险，可以用于1月龄以上的山鸡免疫。灭活疫苗免疫后，免疫持续期也能达到6个月以上。

（五）禽脑脊髓炎

禽脑脊髓炎是由禽脑脊髓炎病毒引起的一种病毒性传染病。病毒主要感染鸡、山鸡、鹌鹑、火鸡、珍珠鸡等，侵害幼雏中枢神经系统，以渐进性共济失调、头颈震颤、两翅轻瘫和不完全麻痹为特征。

禽脑脊髓炎一年四季均能发生，病毒在环境中具有较强的抵抗力，在粪便中至少可存活4周。病毒可以通过种蛋垂直传播，即幼雏出壳前在胚胎阶段被感染，出壳后发病；也可以水平传播，主要经消化道传播，感染山鸡通过粪便排出病毒，易感山鸡接触到被污染的饲料、饮水、用具等而感染。该病传播迅速，短时间内即可使全群感染发病。

临床症状：12 ~ 21 日龄雏山鸡对该病易感，8 周龄以上的山鸡感染后一般不表现临床症状。该病潜伏期 1 ~ 3 周。病雏表现为精神萎靡、羽毛松乱、运动失调、前后摇晃、肌肉麻痹，常以跗关节和胫支撑行走，后期头颈部持续性震颤，最后多因饥饿、衰竭及相互践踏而死亡。成年山鸡症状不明显。产蛋山鸡感染后产蛋短暂性下降。

剖检病变：一般内脏器官无特征性的肉眼病变，唯一的肉眼病变是病雏肌胃的肌层有散在的灰白区。

防治措施：育雏室要经常带鸡喷雾消毒，对已发病的病山鸡和死山鸡及时焚烧或深埋，感染山鸡一个月内所产的种蛋不宜孵化。对种山鸡接种弱毒疫苗或灭活疫苗，孵出的幼雏含有母源抗体，在出雏后 8 周内具有保护幼雏免受禽脑脊髓炎病毒感染。

（六）大理石脾病（MSD）

大理石脾病是由腺病毒引起的山鸡的一种接触性传染病，又称巨脾症，以脾脏网状细胞增生为主要特征。该病多发生于家养山鸡，且所有日龄的山鸡均易感。欧美等国家均有该病发生的报道。山鸡大理石病病毒属于禽腺病毒Ⅱ群，与火鸡出血性肠炎病毒（HEV）同一个群。病毒不易在鸡胚以及细胞培养物中增殖，主要在患鸡的网状内皮细胞内复制，特别是脾脏。该病主要发生在 3 ~ 8 周龄的山鸡，死亡率 5% ~ 15%，成年山鸡也能复制该本病毒。病毒经口感染，山鸡因采食污染饲料、饮水而传播。

临床症状：山鸡大理石脾病的潜伏期 6 ~ 8 天。急性发病山鸡往往生长健壮而突然死亡。一般可见发病山鸡呼吸加快，消化功能紊乱。随后精神萎顿，肺功能衰竭死亡。病程 1 ~ 3 周。

剖检病变：可见脾肿大、充血，切面有条纹散布。肺充血、水肿，心包积液，肝肿胀，卵泡充血。组织学检查脾白髓淋巴细

胞坏死，网状细胞肿胀、增生。

防治措施：该病在防治方面主要以加强饲养管理、防止病毒传入鸡舍。发现病禽应立即采取控制措施，防止向群内扩散，同时应中断发病禽所产种蛋的孵化工作，待症状全部消失2周后种蛋才可使用。

山鸡大理石脾病无特效治疗药物。口服火鸡出血性肠炎疫苗对山鸡大理石脾病有预防作用，4~6周龄进行疫苗饮水免疫。

（七）东方脑炎病毒（虫媒病毒）

东方脑炎病毒可感染多种宿主，包括许多禽类、哺乳动物、爬虫动物和节肢动物。已报道从鸽子、山鸡、火鸡、石鸡分离到东方脑炎病毒。美国报道过山鸡、幼龄北京白鸭、石鸡和火鸡均发生过此病，家养及野生斗鸡也曾有发病报道。这些病毒主要经蚊虫媒介（如库蚊）传播，也可通过互相啄食羽毛发生直接传播。在禽类，临床症状包括中枢神经系统损伤、腹泻和衰竭。病毒侵入中枢神经系统，引起精神沉郁、运动失调、麻痹、姿态异常，特别是头颈部位。有时出现震颤并常常看到颈部扭曲或斜颈。组织病理学变化与病毒性脑炎相似。1日龄小鸡感染出现心肌炎。

该病自然感染主要通过蚊子传播，控制消灭蚊虫有助于控制本病的暴发。马病毒性脑炎疫苗可以用来接种山鸡，预防东方病毒性脑炎。

二、细菌性疾病

细菌同病毒相比，是一种高度进化的单细胞微生物，它们具有复杂的结构和生理需求，有些细菌可以形成抵抗力很强的芽孢。细菌在机体内常常形成耐药性，宿主对细菌产生免疫力的能力变化很大。总的来说最危险的细菌具有最广泛的宿主，许多引起禽类严重疾病的致病菌也是人类的潜在病原菌。一些细菌在食物和饲料中能存活相当长的时间。如果细菌定居在禽类输卵管，它能够通过种蛋垂直传播给幼禽。

在许多细菌性疾病中，沙门氏菌感染给人最具重要意义。许多年以来，沙门氏菌也被认为是禽类主要疾病之一，实际上，这种病原菌具有广泛的宿主，从爬行类动物和鱼类到所有灵长类动物都是沙门氏菌的宿主。沙门氏菌作为人类的病原菌之一，具有重要的公共卫生意义而应加以控制。

（一）山鸡白痢

该病是由禽沙门氏菌引起的一种急性败血性传染病，是山鸡常见的传染病。该病以下痢和心、肝、肺等器官出现坏死性结节为主要特征，发病率和死亡率都很高。成年山鸡为慢性经过或无症状感染。

该病病原为鸡白痢沙门氏菌，存在于病鸡内脏各器官中，特别是肝、肺、卵黄囊、肠和心血中含量最多。病雏山鸡和带菌的成年山鸡粪便是该病的主要传染源，带菌母山鸡的卵巢和肠道含有大量病菌。因此，它们产的蛋和排出的粪便都含有病菌，用这种蛋孵出的雏山鸡，多患白痢，同时也污染孵化器，使刚出壳的雏山鸡感染。

该病主要传染途径是消化道，山鸡吃了患病山鸡的粪便、飞绒等污染的饲料和饮水而感染。污染的垫料和用具也是传染媒介。此外，患病雄性山鸡的睾丸和精液中都含有病原菌，通过配种可以把病菌传染给雌山鸡并带入受精卵传染给子代。育雏室温度不平衡、潮湿、污秽，山鸡群拥挤，饲料配合不当，营养缺乏等也是该病发生的诱因。

临床症状：由于被感染山鸡的年龄不同而出现不同的症状。

刚孵出的雏山鸡，通常在出壳后不久即死亡，见不到明显症状。5～7日龄病禽出现明显症状，病雏昏睡、衰弱，聚集怕冷，两翼下垂，羽毛松乱，吃食减少，肛门周围粘附灰白色粪便。多数病雏有呼吸困难的症状。病愈雏鸡多发育不良，均匀度差。成年山鸡一般不表现临床症状，成为隐性带菌者，病程可长达几个月。有时可见腹部下垂、贫血，出现下痢症状。产蛋量与种蛋受精率下降，孵化率降低。

剖检病变：发病雏山鸡肝脏肿大、出血或肝脏有点状出血及坏死点，卵黄吸收不良或内容物呈干酪样。胆囊肿大，脾肿大。肾脏充血，输尿管因充满尿酸盐而明显扩张。肺脏常呈现坏死性结节。盲肠内有干酪样物。心脏表面常形成灰白色结节，有时有心包炎。成年山鸡最常见的病变为卵泡变形、变色，腹膜炎或伴随心包炎。

防治措施：由于该病主要是通过种蛋垂直传播，消灭种山鸡群中的带菌山鸡是控制该病的有效方法，建立无白痢病的种群。此外，认真做好鸡场消毒工作，尤其是孵化过程中的消毒工作，每次孵化前需将孵化器清洗消毒；种蛋可用1：1 000稀释的新洁尔灭在30～40℃下浸泡5min，洗净蛋壳，晾干后再用福尔马林熏蒸。幼雏从第一次饮水开始在水中加入0.01%的环丙沙星，连饮3天。

（二）禽霍乱（禽巴氏杆菌病）

禽霍乱是一种由多杀性巴氏杆菌引起的家禽和野禽的急性接触性传染病，又名禽霍乱、禽出血性败血症。各种特禽均对其有易感性。山鸡易感性大，发病率及死亡率较高。

禽巴氏杆菌病的病原体是一种革兰氏阴性小杆菌，发病山鸡和带菌山鸡的排泄物和分泌物中都含有大量的病原菌，当这些带菌的排泄物和分泌物污染了饲料、饮水、用具和场地时，可借此扩散病原，传播疾病。人和畜、昆虫、野鸟等都是该病的传播媒介。主要传染途径是消化道、呼吸道和皮肤创伤。消化道的传染主要是通过吃进或饮入被污染的饲料和饮水。呼吸道传染是直接吸入病鸡排出的飞沫和污染的空气。

临床症状：①最急性型：该病流行的初期，这时细菌的毒力很强，山鸡往往不出现明显症状而突然死亡。②急性型：发病山鸡精神沉郁，羽毛蓬松，翅膀下垂，呆立，体温升高，食欲废绝，肉垂发绀，脸变青紫色，表现异常口渴，上呼吸道有黏液积聚，表现黄色或灰白色下痢，肛门周围的羽毛被粪便粘连，病程1～3天。③慢性型：发病山鸡消瘦，精神萎靡，黏膜苍白，有的关节肿胀化脓，发生跛行，有的可拖延几周后死亡。

剖检病变：最急性型病例剖检看不到明显的病理变化；特征明显的是急性型病例，可见腹膜、皮下组织及腹部脂肪有小出血点。心包变厚，心外膜和心冠脂肪出血。肺出血。肝脏肿胀，质脆，呈黄棕色，肝表面散布有许多灰白色、针尖大小的坏死点。十二指肠呈卡他性和出血性肠炎。卵泡变性或坏死。

防治措施：治疗禽巴氏杆菌病可用0.5%的磺胺噻唑或磺胺二甲基嘧啶拌料喂食，在1～2天后死亡显著减少，3～4天后疫情基本稳定下来。每千克体重用青霉素2万～3万IU，每天2次。山鸡对链霉素敏感，使用时应注意中毒现象。为预防治疗后疾病复发，可在停药后进行预防接种。

预防禽巴氏杆菌病可接种禽霍乱灭活菌苗。在易发该病的饲养阶段和雨季、气候突变或山鸡群有下痢症状时，可于饲料中添加抗生素类药物，如土霉素、四环素等，能预防禽霍乱的发生。此外，还要注意饲养场的环境卫生，建立良好的隔离消毒制度。

（三）溃疡性肠炎

溃疡性肠炎是由肠道梭菌引起的多种幼禽的一种急性传染

病。病死禽以肝、脾坏死，肠道出血、溃疡为主要特征。该病最早发生于鹌鹑，呈地方流行性，故称“鹑病”。病原为肠道梭菌，是一种严格厌氧菌，革兰氏染色阳性，能形成芽孢，因此，对外界环境抵抗力很强。

在自然条件下，山鸡、鸡、鹌鹑、鸽和火鸡对溃疡性肠炎均易感，其中鹌鹑的易感性最高，以4～12周龄的鸡、山鸡、鹌鹑多发。本病的传染源为慢性带菌者，经粪便传播，易感禽食入被肠道梭菌污染的饲料、饮水、或垫料而感染发病。肠道梭菌能形成芽孢，因此一旦发病，则后续鸡群将连续多批发生，难以控制和扑灭。慢性带菌禽也是造成该病持续发生的一个重要原因。该病发生与饲养方式有一定关系，地面平养时发病多于笼养。禽舍卫生条件差、潮湿拥挤、饲料突变、通风不良、营养缺乏、球虫病等因素均可促使该病发生。

临床症状：急性病例一般无明显症状，且多为发育良好的健壮禽只。随着病情的发展，出现精神沉郁、食欲不振、嗜睡、羽毛松乱无光泽。腹泻，粪便为白色水样。病程超过1周者，病禽极度瘦弱。病死率可高达25%。

剖检病变：急性死亡病例主要表现为十二指肠出血；病程稍长者表现为各段肠道呈现小的黄色坏死溃疡，边缘呈现环形出血。溃疡呈圆形或椭圆形，可融合形成大片坏死性溃疡灶。有时肠道表面呈黑色，肠腔扩张充气，内容物呈液状。溃疡一旦达到黏膜深层，则可引起肠穿孔，导致腹膜炎和肠粘连。肝脏见有淡黄色斑点状或不规则的坏死灶。脾肿大、出血。

防治措施：由于病原菌存在于排泄物中且能长期存活于禽舍内，因此，应及时清除粪便、更换垫料，保持饲养环境的清洁卫生。可选用链霉素、杆菌肽、庆大霉素进行治疗。

(四) 雏山鸡脐炎

雏山鸡脐炎，多数与大肠杆菌有关，沙门氏杆菌、变形杆菌及葡萄球菌等也可感染。脐炎感染的情况有两种，一种是种蛋带菌，使胚蛋的蛋黄囊发炎，这些胚蛋有的成为死胚，有的能破壳出雏，但残余蛋黄囊及脐部发炎；另一种情况是孵化后期温度偏高，提前出雏使脐孔愈合不良，加之出雏室及存放雏鸡的用具不卫生而引起感染。

初生雏山鸡脐炎可见脐孔闭锁不全，脐孔及其周围皮肤发红，水肿，腹部膨大下垂。脐环常被干涸的痂皮覆盖。病雏精神沉郁，少食或不食，腹部大，此种病雏多在一周内死亡或淘汰。因脐炎死亡的新生雏山鸡均可见到卵黄没有吸收或吸收不良，卵囊充血、出血、囊内卵黄液黏稠或稀薄，多呈黄绿色。

脐炎的发生一般都要追溯到孵房的种蛋孵化与管理，搞好孵房的清洁、卫生以及孵化器和出雏器的熏蒸消毒是控制脐炎的有效措施。

(五) 葡萄球菌病

葡萄球菌病是山鸡的一种急性败血症或慢性传染病。发病山鸡主要表现为急性败血症、关节炎、雏山鸡脐炎、皮肤坏死和骨膜炎，成年山鸡多呈慢性经过。发病的严重程度主要与下列因素有关：①葡萄球菌的毒力以及对药物的抵抗力；②细菌侵入血液系统的数量；③环境卫生。而葡萄球菌的毒力强弱、致病力大小常与细菌产生的毒素和酶有密切关系。

葡萄球菌在自然界分布很广，土壤、空气、尘埃、水、饲料、地面、粪便、污水等均有该菌存在，禽类的皮肤、羽毛、眼睑、黏膜、肠道亦分布有葡萄球菌。该病一年四季均可发生，以雨季、潮湿时节发生较多。皮肤或黏膜表面的破损，常是葡萄球

菌侵入的门户，其中皮肤创伤是主要的传染途径，也可以通过直接接触和空气传播。雏山鸡脐带感染也是常见的途径。山鸡场会存在以下一些发病因素：①山鸡发生禽痘；②带翅号及断喙；③刺种；④网刺、刮伤和扭伤；⑤啄伤；⑥脐带感染；⑦饲养管理因素。

急性败血型病山鸡出现全身症状，精神沉郁，常呆立或蹲伏，双翅下垂，缩颈，羽毛松乱，饮食减少或废绝。较为典型的症状：发病山鸡腹胸部以及大腿内侧皮下浮肿，有血样渗出液，外观呈紫色，有波动感。局部羽毛脱落。也可以看到头颈、翅膀背侧或腹侧、翅尖、尾部等出血、炎性坏死，局部结痂。关节炎型病鸡可见到关节肿胀，病鸡表现跛行，多伏卧，因采食困难而逐渐消瘦。脐带炎型是孵出不久的雏山鸡发生脐炎的一种葡萄球菌病，脐孔闭合不全、发炎肿大，腹部膨大。眼型葡萄球菌病表现为眼睑肿胀，闭眼，有脓性分泌物，眼结膜红肿，时间较长者眼球下陷、失明。

葡萄球菌病是一种环境性疾病，预防该病主要做好防止山鸡发生外伤，特别是在断喙、刺种、接种疫苗时注意做好卫生消毒工作。加强饲养管理和孵房的卫生消毒工作。在治疗方面，可以使用庆大霉素、红霉素、氟哌酸等进行用药治疗。

（六）禽链球菌病

禽链球菌病是禽的一种急性败血性或慢性传染病。雏禽和成年禽均可感染。病的特征是昏睡、持续性下痢、发绀、跛行和瘫痪。该病病原有两种，即兽疫链球菌和粪链球菌。兽疫链球菌主要感染成年山鸡，粪链球菌对各种年龄的山鸡均有致病性，但主要感染幼龄山鸡。

链球菌是禽类和野生禽类肠道菌群的组成部分，因此在鸡舍饲养环境中广泛存在，污染环境，通过消化道和呼吸道感染，也可通过损伤的皮肤和黏膜感染，特别是笼养山鸡多发。新生雏可通过脐带感染。链球菌是条件性致病菌，气候突变、密度过大、卫生条件差、饲养管理不当等可促使该病的发生。该病的流行通常有以下特点：①传播速度快；②发病率高低不一；③病情发展缓慢；④发病种群产蛋率下降，所产种蛋孵化率降低。

临床症状：急性败血型病例表现为精神沉郁，体温升高，食欲减退，离群呆立，嗜睡，拉水样粪便。有的病禽呈现眼炎和眼结膜炎。眼结膜发炎、肿胀、流泪，有炎性渗出物，严重者可造成失明。个别病雏出现神经症状，运动障碍，转圈运动，痉挛。成年禽多见关节肿大，不愿走动，跛行。

剖检病变：主要呈现不同程度的败血症变化，可见脑膜、喉头、气管、肠道、盲肠扁桃体、卵巢和泄殖腔充血或出血。心冠脂肪和心肌有出血点。心包炎、肝周炎、腹膜炎，肝、脾肿大，喉头、气管分泌物增多。有时皮下、浆膜及肌肉水肿，心包、腹腔有浆液性、出血性或纤维素性渗出物。

防治措施：链球菌为条件性致病菌，在宿主抵抗力下降时才能使其发病，因此，改进饲养管理、改善卫生条件对于预防该病有重要意义。如空舍彻底清洗消毒，保持垫料干燥，避免幼雏接触粪便、注意空气流通、及时淘汰弱雏等，对该病的预防有一定效果。治疗可选用庆大霉素、青霉素、强力霉素等药物，最好进行药敏试验，选择敏感药物，才能获得良好的治疗效果。

（七）大肠杆菌病

山鸡大肠杆菌病是一种常见的细菌性疾病，由埃希氏大肠杆菌的某些血清型引起。临床上以败血症、气囊炎、关节炎、输卵管炎、腹膜炎、脐炎、眼炎、卵黄性腹膜炎等为特征。其中，危害最严重的是急性败血症，其次为卵黄性腹膜炎。

大肠杆菌在自然界分布很广，血清型极多，按致病力大小可分为致病性、非致病性和条件性大肠杆菌。不同季节、不同日龄的山鸡均可发生，可以通过消化道、呼吸道、蛋壳穿透、交配以及经蛋传播，易常并发或继发其他病感染。

临床症状：急性败血症型死亡率较高，表现为病鸡离群呆立，羽毛松乱，食欲减退或废绝，排黄白色稀粪，肛门周围羽毛污染。

剖检病变：主要病变为纤维素性心包炎、肝周炎、腹膜炎、气囊炎。经呼吸道感染常表现为气囊炎，气囊壁混浊增厚，常覆盖黄白色干酪样物，肺脏充出血或肺水肿。

卵黄性腹膜炎常因山鸡的输卵管感染大肠杆菌产生炎症所致。发病山鸡外观腹部膨胀，剖检腹腔内积有大量卵黄液或卵黄性干酪样物。

防治措施：加强卫生管理是预防大肠杆菌病的关键，重点搞好孵化卫生及环境卫生，加强种蛋管理及时淘汰患病山鸡，消除导致本病发生的各种诱因，降低山鸡舍的饲养密度，注意山鸡舍保温和通风换气，做好常见病的预防，特别是霉形体等呼吸道疾病。治疗大肠杆菌病的药物很多，如庆大霉素、氟哌酸、强力霉素、丁胺卡那霉素等。由于大肠杆菌易产生耐药性，临床上最好先进行药敏试验，选择敏感药物用药。

（八）鸡毒支原体病

鸡毒支原体病是鸡和火鸡的一种常见病，山鸡和石鸡也时常发生。感染山鸡主要表现为呼吸道症状，病程时间长。该病一年四季均可发生，特别是冬春季节发病率较高；山鸡群在应激条件下易患此病；常与其他细菌或病毒病混合感染。

临床症状：山鸡感染本病的主要特征是呼吸啰音、咳嗽、流鼻涕，常有鼻涕堵塞鼻孔或鼻孔粘上许多污物，病鸡有频频甩头现象。眼结膜出现轻度炎症，分泌物增多或出现流泪现象。

剖检病变：主要在鼻孔、鼻窦、气管和肺脏出现比较多的黏液或卡他性分泌物，气管壁轻度水肿。进一步发展，出现气囊混浊，气囊表面呈现干酪样分泌物，严重时呈黄色奶油样病变。

防治措施：该病可以通过药物和疫苗来进行预防。由于该病可以垂直传播，因此，刚出壳的雏山鸡有可能已经感染，所以，必要时在早期用药进行预防，不仅可以治疗已经感染的雏山鸡，还可以防止向其他山鸡进行水平传播。

鸡毒支原体又是条件性致病菌，在应激条件下最容易发病。如果山鸡舍污浊、粪便积蓄，空气中氨的含量增高刺激呼吸道黏膜，都有利于鸡毒支原体的繁殖。山鸡舍温度过低，会加剧鸡毒支原体的感染。治疗鸡毒支原体病的药物种类很多，有泰乐菌素、泰农、泰妙菌素、红霉素、北里霉素、土霉素、四环素、金霉素、强力霉素、链霉素、庆大霉素、卡那霉素、新霉素等，因为该病经常由多种细菌合并感染，所以最好选择抗菌谱广的药物。其中泰乐菌素、泰农、泰妙菌素是针对支原体的药物，能有效抑制鸡毒支原体的生长繁殖，同时与其他抗生素合并用药效果最好。

鸡毒支原体疫苗有弱毒疫苗和灭活疫苗两种，使用弱毒疫苗时免疫前后 5 天不能使用抗生素，免疫鸡群会有不良反应，产蛋鸡会出现产蛋量下降，目前使用较少。灭活疫苗比较安全，能有效减少垂直传播，目前使用较多。

三、原虫病

原虫是一种比细菌更高等的单细胞动物，能由一个细胞完成生命活动的全部功能。原生动物寄生于动物的腔道、体液、组织和细胞内，可致病或不致病。原虫的形态因种类不同而各不相

同，即使同一种原虫有时也表现为多种形态，大小差别也很大。寄生性原虫都是专性寄生虫，对宿主有一定的选择性。寄生性原虫的发育史各不相同，如球虫，以直接的方式侵入宿主体内，进行生长繁殖并对宿主造成严重损伤，破坏大量肠黏膜上皮细胞。另一些原虫如血孢子虫，需要两个宿主才能完成发育史。为了防止原虫病对养殖业的危害，必须预防为主，加强饲养管理，搞好环境卫生。

球虫病是养禽生产中常见的一种原虫病。3～8 周龄的山鸡最易感，能引起大批死亡。球虫病的病原为艾美耳属的寄生性原虫，已发现有 9 种之多，这 9 种球虫大多寄生在小肠，它们的致病力也不一样，其中，寄生在盲肠的柔嫩艾美耳球虫和寄生在小肠中段的毒害艾美耳球虫的危害最大。

球虫病在每年春夏季节湿热的环境条件最易流行，主要发生于 3 月龄以内的雏禽。3～8 周龄的幼山鸡最易感。成年山鸡也能感染球虫病，但大多成为无症状的带虫者，其体重和产蛋量都会降低。

球虫病的传染方式主要是山鸡吃进球虫的孢子卵囊而感染。发病山鸡的粪便污染垫料、饲料、饮水等，是该病传播的主要媒介。人的手脚、衣服和一切饲养管理用具都能机械地传播球虫病。患球虫病康复的山鸡，其肠道内相当长时间仍有活的球虫卵囊，成为外表健康的带虫山鸡，也是球虫病的重要传染源。外界环境和饲养管理条件对球虫病的发生有很大关系。如育雏室拥挤、通风不良、天热多雨、大小山鸡混养，饲料中缺乏维生素 A 和维生素 K 以及饲料配合不当、营养不良等，都是该病流行的诱因。

临床症状：患病山鸡精神不振，怕冷集堆，羽毛蓬乱，两翼下垂，发育受阻，食欲减退，排血便或肉丝样便。病程稍长，表现消瘦、贫血、下痢。死亡率可达 50%～80%。

剖检病变：可见盲肠肿胀、充满大量血液或盲肠内充满干酪样物。急性小肠球虫主要在小肠中段呈现出血性肠炎变化，小肠大量出血或小肠黏膜上有出血点、灰白色坏死灶，有时肠道内有干酪样物。

防治措施：该病应以预防为主。预防该病要保持育雏室通风、干燥，山鸡密度适当，经常更换垫料，搞好环境卫生。清除的垫料、粪便应堆积发酵，以杀灭球虫卵囊。在饲料里补充足够量的维生素 A、维生素 D 和维生素 K 等。在球虫病易发季节，可提前用药物预防。抗球虫药物种类很多，可选用莫能菌素、盐霉素钠、地克珠利和磺胺类药等。

四、真菌病

禽曲霉菌病是由真菌引起的多种禽类的一种常见病，主要侵害呼吸器官。该病的特征是在家禽的肺和气囊形成广泛性炎症和结节，故又称禽曲霉菌性肺炎。引起禽曲霉菌病的主要病原为烟曲霉和黄曲霉，其中以烟曲霉菌的致病力最强。霉菌与细菌、病毒不同，它产生的孢子在周围环境中分布很广，如稻草、谷物、木屑、发霉饲料以及墙壁、地面、用具和空气中都可以存在。鸡、山鸡、鸭、鹅等禽类均能感染，特别是幼禽，往往急性暴发，可以造成大批死亡，成年禽多呈慢性散发性。

该病的主要传染源是发霉的垫草和饲料，一年四季均可发生，但多发生于温度适宜、阴雨连绵的季节，有利于霉菌生长。在大群饲养，禽舍地面潮湿，通风不良，拥挤的环境中，更易诱发此病。该病的传播途径主要是幼禽吃了发霉的饲料和吸入霉菌孢子经消化道和呼吸道感染。此外，污染的孵房也是雏禽感染的重要场所。

临床症状：自然感染的潜伏期为 2 ~ 7 天，雏禽感染后常呈

急性经过，往往没有明显症状而突然死亡。病程稍长的病雏表现为精神不振，食欲减退，羽毛松乱，两翅下垂，不爱走动，喜呆立，嗜睡，逐渐消瘦。随后出现呼吸困难，常张口呼吸。发病后1～2天死亡。成年禽多呈慢性经过，病死率较低，产蛋鸡表现为产蛋减少。

剖检病变：主要在肺、气囊、胸腹腔中有米粒大至黄豆大的黄白色结节，有时可以融合成较大的团块，结节呈灰白色或淡黄色，里面为干酪样物。这种结节最常见于肺脏、气囊。有时气囊膜增厚，混浊。

防治措施：该病发生后，首先要寻找病因，并消除传染源，然后使用药物进行治疗和预防。预防禽曲霉菌病要防止饲料和垫草发霉，控制好育雏环境，防止潮湿及通风不畅、空气污浊。治疗可选用制霉菌素，每100只雏禽一次用50万IU，每天饲喂2次，连用2天。此外，也可用1∶3 000的硫酸铜给雏禽饮水，连用3～4天。

五、肉毒素中毒

肉毒素中毒又名软颈症，是由肉毒梭菌产生的外毒素引起的一种中毒病，以运动神经麻痹和迅速死亡为特征。禽肉毒中毒主要由C型肉毒梭菌引起，该细菌繁殖迅速，能产生很强的毒素。山鸡、鸡、火鸡以及孔雀对肉毒素敏感。

肉毒梭菌广泛存在于土壤中，也存在于健康动物的肠道和粪便中，在鸟类栖息地、养鸡场和山鸡饲养场，常存在C型肉毒梭菌芽孢，在污染的饲料及禽舍内死亡的动物尸体内也常常被发现。芽孢有较强的抵抗力，有利于本病的传播。该菌在有机质和厌氧条件下能产生很强的毒素，采食这种有毒的有机物后引起中毒。

病禽中毒后主要表现为突然发病，无精神，头颈、腿、翅膀等发生麻痹。重症的头颈伸直，平铺地面，不能抬起，说明颈部麻痹。发病后期由于心脏衰竭和呼吸衰竭而死亡。

该病是一种毒素中毒病，要着重清除环境中肉毒梭菌及其毒素来源。及时清除死禽，对预防控制该病非常重要。此外，还要及时清除污染的饲料和粪便，消灭蚊蝇，对环境经常消毒。

参考文献

陈伟生. 2005. 畜禽遗传资源调查手册 [M]. 北京：中国农业出版社.

葛明玉，等. 2010. 山鸡高效养殖技术 [M]. 北京：化学工业出版社.

沈富林. 2013. 特种禽类饲养技术培训教材 [M]. 北京：中国农业科学技术出版社.

熊家军，等. 2006. 美国七彩山鸡养殖技术 [M]. 湖北：湖北科学技术出版社.

郑作新. 1993. 中国经济动物志：鸟类（第 2 版）[M]. 北京：科学出版社.

Allen Woodard，et al. 1993. Commercial and Ornamental Game Bird Breeders Handbook [M]. Canada：Hancock House Publishers Ltd.

Dianne Tumey. 1993. Facts on Raising Gamebirds [M]. South Carolina：Createspace Indepentent Publishing Platform.